Rihab El Houda Thabet

Détection de défauts des systèmes non linéaires à incertitudes bornées

Rihab El Houda Thabet

Détection de défauts des systèmes non linéaires à incertitudes bornées

De la théorie à l'application

Presses Académiques Francophones

Imprint
Any brand names and product names mentioned in this book are subject to trademark, brand or patent protection and are trademarks or registered trademarks of their respective holders. The use of brand names, product names, common names, trade names, product descriptions etc. even without a particular marking in this work is in no way to be construed to mean that such names may be regarded as unrestricted in respect of trademark and brand protection legislation and could thus be used by anyone.

Cover image: www.ingimage.com

Publisher:
Presses Académiques Francophones
is a trademark of
International Book Market Service Ltd., member of OmniScriptum Publishing Group
17 Meldrum Street, Beau Bassin 71504, Mauritius

Printed at: see last page
ISBN: 978-3-8416-3609-6

Zugl. / Agréé par: Bordeaux, Université de Bordeaux, 2014

Table des matières

Table des figures

Liste des tableaux

Introduction générale

D'une manière générale, le problème d'observation et d'estimation des variables d'état d'un système dynamique est un problème fondamental qui est rencontré dans beaucoup de domaines en sciences physiques et de l'ingénieur. En Automatique, ce problème constitue une étape cruciale pour la synthèse des méthodologies de commande et de diagnostic à base de modèles. En effet, l'aptitude à surveiller le comportement d'un processus et de ses unités fonctionnelles, et la mise en place des stratégies d'accommodation et de reconfiguration sont devenues des préoccupations majeures dans la conception des systèmes réactifs.

Historiquement, les premiers observateurs dédiés à l'estimation de l'état des systèmes linéaires ont été développés par Luenberger [72] dans un cadre déterministe et par Kalman dans un cadre stochastique [59]. Depuis, leur essor a été considérable au sein de la communauté Automatique. Ils ont fait l'objet de nombreuses études dans la littérature et ont été largement utilisés et répandus dans beaucoup d'applications. Il est bien établi que le filtre de Kalman fournit des estimations optimales, au sens du minimum de variance, sous certaines hypothèses statistiques en termes de distribution du bruit d'observation et du bruit d'état [60]. Plus récemment, des estimateurs dont le principe de fonctionnement est proche de celui du filtre de Kalman ont été également développés dans un cadre H_∞ ou H_2 généralisé (voir par exemple [4]).

Le problème d'estimation d'état devient plus délicat lorsque l'on s'intéresse aux dynamiques non linéaires où l'hypothèse de linéarité doit être abandonnée. Dans ce cas, une solution optimale peut être établie dans un contexte Bayésien où certaines techniques de résolution globale ont été établies [5]. Les méthodes globales sont lourdes à mettre en œuvre et les approches locales ont été largement préférées pour des applications pratiques. La plus répandue est le filtre de Kalman étendu qui se base sur des linéarisations autour de points de fonctionnement et applique le même mécanisme que le filtre de Kalman linéaire. D'autres solutions locales sont basées sur le Filtre de Kalman Non-Parfumé (Unscented Kalman Filter, [119]) ou encore le filtrage de type « Divided Difference » [93]. Cependant, le fait d'utiliser une approximation qui transforme le problème d'estimation non linéaire de départ, pose la question de la gestion de cette approximation par les équations de filtrage en fonction des paramètres libres de l'algorithme (initialisations, etc...). De façon générale, il est très difficile d'établir et d'analyser les conditions de convergence.

Dans beaucoup de situations, l'hypothèse portant sur les distributions statistiques des perturbations ne peut pas être satisfaite. Dans ce cas, le fait de considérer les matrices de variances-covariances des bruits d'observation et d'état comme des matrices de pondération (ou de réglage de haut niveau) qui conditionnent la qualité des estimations obtenues, est un problème délicat pour lequel il n'existe pas de solutions générales satisfaisantes.

Une approche alternative consiste à considérer les perturbations bornées et à chercher à caractériser à chaque instant, d'une manière garantie, toutes les valeurs du vecteur d'état compatibles avec les mesures et avec les bornes d'erreurs supposées connues a priori. Les premiers travaux dans le domaine de l'estimation d'état dans un contexte à erreurs inconnues mais bornées remontent à la fin des années 1960 [104]. L'idée de base repose sur la propagation d'incertitudes considérées comme appartenant à des domaines bornés, afin de fournir des enveloppes englobant les valeurs possibles des variables que l'on cherche à estimer. Depuis, l'estimation d'état dans un contexte à erreurs bornées a été largement traitée pour des modèles linéaires [104, 32, 76, 33, 95] où l'ensemble des solutions compatibles avec les mesures et avec les bornes d'erreur est un polyèdre convexe qui peut être déterminé lorsque la dimension du vecteur d'état est faible. En pratique, la caractérisation exacte est un problème complexe et coûteux en quantité de calculs. C'est la raison pour laquelle des approximations extérieures utilisant des formes géométriques simples, par exemple des ellipsoïdes ou des zonotopes, sont utilisées [42, 15, 21, 22, 32, 33, 76, 95, 2, 14]. Lorsque le modèle utilisé est non linéaire à temps continu, ces dernières méthodes ne sont pas toujours faciles à utiliser. D'autres techniques basées principalement sur l'analyse par intervalles ont été alors développées [97, 118, 62]. Dans ce cadre, on distingue principalement deux méthodes pour l'estimation d'état. La première [57, 97] est basée sur le mécanisme de prédiction/correction similaire au filtre de Kalman. La prédiction consiste à déterminer le domaine admissible de l'état à l'instant t_{j+1} ayant un encadrement à t_j en effectuant une résolution numérique garantie d'une équation différentielle ordinaire (EDO) [91]. Lors de la phase de correction, l'ensemble prédit est contracté en supprimant un ensemble de valeurs du vecteur d'état incohérentes avec les mesures prélevées à l'instant t_{j+1}. Cette méthode peut s'appliquer pour une large classe de systèmes non linéaires. La deuxième approche [49, 16, 83] est basée sur une structure en boucle fermée où le gain de l'observateur est choisi afin d'imposer une dynamique coopérative pour l'erreur d'observation [49]. Dans ce cas, des bornes inférieures et supérieures du domaine d'état peuvent être déterminées tout en maîtrisant le conservatisme dû à l'analyse par intervalles. Cependant, dans le cas de larges incertitudes sur les entrées et/ou les paramètres et notamment dans le cas de dynamiques rapides et oscillantes, le traitement efficace de classes complètement génériques de systèmes dynamiques non linéaires devient difficile par les techniques ensemblistes actuelles.

Les travaux présentés dans ce manuscrit se situent dans un contexte à erreur inconnue mais bornée. Une part importante du travail porte sur l'extension des classes de systèmes Linéaires à Paramètres Variants (LPV) et Linéaires à Temps Variants (LTV) pour lesquels des observateurs intervalles peuvent être obtenus avec les preuves de stabilité associées et où la propriété d'inclusion des trajectoires de dynamiques non linéaires est assurée. Cette alternative garde toute sa pertinence dès lors que le pessimisme introduit par la transformation du modèle non linéaire initial peut être compensée par un meilleur compromis entre temps de calcul et propagation des incertitudes bornées.

La motivation principale qui a guidé nos travaux a été l'application de ces observateurs à la détection de défauts pour des systèmes non linéaires à incertitudes bornées continus (systèmes NL-IB). Pour ce faire, des dynamiques LTI, LPV et LTV sont considérées graduellement pour déboucher ensuite sur des classes de systèmes non linéaires pour lesquels des techniques de synthèse d'observateurs intervalles continus sont proposées. En se basant sur ce qui a été développé pour des systèmes LTI, une première contribution porte sur la synthèse des observateurs intervalles pour une classe de systèmes LPV basée sur un changement de variables variants dans le temps. Ce changement de variables permet de résoudre la difficulté d'imposer une dynamique non négative à l'erreur d'observation. Une extension aux systèmes variant dans le temps a été ensuite considérée et une approche originale pour la synthèse d'observateurs intervalles continus dédiés aux systèmes LTV est proposée. Cette nouvelle méthode générique ne nécessite pas d'hypothèse supplémentaire par rapport aux observateurs classiques. En se basant sur les observateurs intervalles obtenus pour les systèmes LPV et LTV, des méthodes ensemblistes pour la surveillance des systèmes non linéaires à incertitudes bornées continus sont proposées, en s'appuyant sur une transformation des modèles non linéaires en modèles LPV à incertitudes bornées.

Le manuscrit est structuré de la manière suivante :

Dans le **chapitre 1**, nous rappelons des résultats de quelques travaux sur les observateurs intervalles classiques qui se basent sur la théorie des systèmes monotones, tout en donnant les définitions de base. La construction de ces observateurs intervalles pose la condition de la coopérativité de l'erreur d'observation qui doit être assurée par le choix du gain d'observateur. Néanmoins, cette condition est très restrictive et difficile à satisfaire dans la base de départ tout en assurant la stabilité de l'observateur.
Pour relaxer ces contraintes, un changement de coordonnées peut être utilisé pour remplir la condition. Nous présentons ensuite des travaux développés récemment sur les observateurs intervalles pour des systèmes LTI et basés sur des changements de coordonnées invariant et variant dans le temps.

Dans le **chapitre 2**, nous rappelons d'abord les méthodes de Taylor par intervalles ainsi que les méthodes de construction des systèmes englobants pour la caractérisation d'ensembles atteignables pour une classe générale de systèmes non linéaires. Ensuite, nous développons une technique d'atteignabilité [112] à base de changement de variables variant dans le temps et dédiée aux systèmes LPV, tout en se basant sur les développements présentés dans le premier chapitre pour le cas LTI. Une comparaison entre l'approche proposée et la technique d'atteignabilité existante à base de systèmes englobants et intégration numérique garantie [100] est également menée. Des simulations numériques montrant l'efficacité de l'approche à base de changement de coordonnées seront ensuite présentées.
Dans la deuxième partie du chapitre 2, l'approche proposée pour le calcul de l'ensemble atteignable est exploitée pour la construction d'observateurs intervalles pour des systèmes LPV [115]. Deux cas seront étudiés : le cas où le vecteur d'ordonnancement (scheduling) est inconnu mais borné et le cas où le vecteur d'ordonnancement est mesuré. Nous illustrons l'observateur intervalle développé à travers un exemple numérique.

Le **chapitre 3** est consacré au cas des systèmes LTV. Nous rappelons tout d'abord quelques travaux récemment développés [36, 37] pour la construction d'observateurs intervalles pour des systèmes variant dans le temps. Ces travaux présentent quelques limitations telles que l'abscence de méthodes génériques et systématiques pour le calcul du gain de l'observateur et du changement de coordonnées permettant d'assurer la coopérativité de l'erreur d'observation. Pour contourner cette limitation, nous développons dans la seconde partie de ce chapitre une approche originale [114] pour la construction d'observateurs intervalles pour des systèmes LTV. Cette approche ne nécessite aucune hypothèse supplémentaire par rapport aux observateurs classiques. L'idée est de construire un changement de coordonnées permettant de transformer une matrice variant dans le temps en une matrice Metzler. La méthodologie pour l'implémentation de l'observateur proposé sera détaillée. Pour illustrer les performances de cette nouvelle approche, nous considérons le même exemple que celui présenté dans [37].

Dans le **chapitre 4**, on s'intéresse à l'application de méthodes ensemblistes développées dans les chapitres précédents pour la détection de défauts des systèmes non linéaires à incertitudes bornées continus. Dans la première partie de ce chapitre, nous proposons des techniques ensemblistes afin d'englober les trajectoires d'un modèle dynamique non linéaire à incertitudes bornées par un modèle LPV garantissant l'inclusion des trajectoires sur un certain domaine de validité préalablement fixé.
La classe de modèles LPV à incertitudes bornées retenue permet la mise en oeuvre directe d'un observateur intervalle développé dans le chapitre 2 et dont découle la synthèse d'un test ensembliste permettant la détection d'incohérences par rapport au modèle NL initial. Nous illustrons ensuite cette méthodologie de détection par des simulations effectuées sur la base d'un modèle non linéaire décrivant la dynamique de vol longitudinale d'un avion civil.

Enfin, dans le **chapitre 5**, nous proposons une démarche différente pour le traitement des bruits de mesure par rapport au traitement classique dans un contexte à erreurs bornées. En effet, le fait de supposer le bruit de mesure simplement borné à chaque instant par un intervalle peut s'avérer contraignant pour des applications pratiques en détection. Cela implique de choisir des bornes suffisamment larges qui détériorent la sensibilité aux défauts.
La méthodologie retenue [28, 113] combine une approche à base de données permettant de caractériser non seulement l'imprécision, mais aussi la variabilité de signaux bruités à l'intérieur des bornes, et une approche à base de modèle basée sur un prédicteur intervalle. Nous illustrons cette technique à travers un système aéronautique : la détection de défauts de type grippage et embarquement des surfaces de contrôle d'un avion civil sera ainsi étudiée.

Chapitre 1

Observateurs intervalles

1.1 Introduction

Dans un contexte à erreurs bornées, plusieurs méthodes ont été développées pour l'estimation d'état des systèmes dynamiques linéaires où l'ensemble des solutions est approximé par des formes géométriques simples telles que des ellipsoïdes, des parallélotopes ou des zonotopes [32, 76, 95, 70, 21, 22, 45, 2]. Même si certaines de ces méthodes réalisent un compromis intéressant entre le temps de calcul et la précision, la stabilité des bornes calculées reste généralement difficile à prouver sous la seule hypothèse d'un modèle initial stable. De même, les observateurs intervalles nécessitent souvent des hypothèses supplémentaires pour prouver la stabilité des bornes obtenues. Ces hypothèses sont basées sur des conditions de coopérativité qui sont étroitement liées à la notion de monotonie [49]. Dans ce cadre, des structures d'observateurs intervalles, basées sur des observateurs classiques de type Luenberger, ont été développées [48, 49, 16, 83, 98]. Dans la section 1.2 de ce chapitre, nous présentons l'approche décrite dans [49]. Cette approche utilise deux observateurs ponctuels basés sur une structure de Luenberger et permet d'estimer des bornes minorante et majorante pour le vecteur d'état, obtenues par la propagation des incertitudes. Néanmoins, comme nous l'avons mentionné, cette technique, développée pour une classe particulière de systèmes partiellement linéaires avec un terme non linéaire, requiert une hypothèse forte. En effet, il faut choisir un gain d'observateur intervalle tout en assurant la coopérativité [111] de l'erreur d'observation qui est très restrictive. Et ce n'est que récemment, notamment dans les travaux [78, 79], que la stabilité de systèmes englobants a pu être assurée directement, sans hypothèse de monotonie complémentaire, à partir de la seule stabilité de la dynamique LTI continue considérée. Fondamentalement, il s'agit de construire un changement de variable assurant la monotonie dans une nouvelle base.

Dans la section 1.3, nous présentons un observateur intervalle décrit dans [96] pour les systèmes LTI basés sur un changement de coordonnées invariant dans le temps. Ensuite, un observateur intervalle pour des dynamiques LTI par changement de coordonnées variant dans le temps [27, 25, 99] sera présenté dans la section 1.4. Cette dernière technique fera l'objet d'une extension au cas de systèmes LPV dans le chapitre suivant.

1.2 Observateurs intervalles classiques

Dans un contexte à incertitudes bornées, les propriétés de monotonie jouent un rôle important et permettent, lorsqu'elles sont vérifiées, d'obtenir explicitement la dynamique des bornes qu'il suffit alors d'intégrer pour obtenir des enveloppes sur les états ou les sorties du système. Il est alors possible de propager dynamiquement des incertitudes, et de traiter notamment le cas où leurs tailles sont importantes, afin d'obtenir des seuils robustes dans un contexte de surveillance.

Dans la suite de cette section, nous commençons par définir les notions de monotonie et de coopérativité. Ces notions sont importantes pour la construction des observateurs intervalles qui permettent d'encadrer les variables inconnues, tout en assurant des propriétés de convergence relatives aux bornes calculées. Ensuite, nous présenterons une approche utilisant deux observateurs ponctuels basés sur une structure de Luenberger et permettant d'estimer des bornes minorante et majorante pour le vecteur d'état.

1.2.1 Définitions

Systèmes monotones

Les systèmes monotones sont basés sur la théorie des équations différentielles ayant des solutions qui respectent, sur un domaine de définition, la relation d'ordre $\geq$ (ou $\leq$) définie par rapport aux conditions initiales [111, 53]. Soit un système décrit par :

$$\dot{x} = f(x), \tag{1.1}$$

et $x(t, x_0), x(t, \xi_0)$ deux trajectoires solutions de (1.1) partant des conditions initiales x_0 et ξ_0. Le système (1.1) est dit monotone si :

$$x_0 \leq \xi_0 \Rightarrow x(t, x_0) \leq x(t, \xi_0), \quad \forall t \geq t_0.$$

Notons ici que la relation d'ordre $\leq$ entre deux vecteurs doit être interprétée élément par élément.

Définition 1 *Une matrice $A = \{a_{ij}\} \in \mathbb{R}^{n \times n}$ est dite Metzler si $a_{ij} \geq 0$, $\forall i \neq j$.*

Lorsque la jacobienne $\frac{\partial f}{\partial x}$ de la fonction f définie dans (1.1) est Metzler (i.e. $\frac{\partial f_i}{\partial x_j} \geq 0$, $i \neq j$), le système (1.1) est dit *coopératif.* Les systèmes coopératifs représentent une classe importante de systèmes monotones et leurs propriétés sont utilisées pour la construction d'observateurs intervalles, même pour des systèmes non coopératifs. Une propriété intéressante pour cette classe de systèmes est donnée par le théorème 2.

Théorème 2 *[49] Soit un système coopératif décrit par :*

$$\begin{cases} \dot{x}(t) = Ax(t) + \lambda(t) \\ x(0) = x_0 \end{cases} \tag{1.2}$$

où A est une matrice Metzler et $\lambda(t) \geq 0$. Si $x_0 \geq 0$ alors $x(t) \geq 0$ pour tout $t \geq 0$.

1.2.2 Observateurs intervalles basés sur la théorie des systèmes monotones

Pour bien expliquer les étapes de la construction d'un observateur intervalle, nous présentons le cas des systèmes linéaires à une injection de sortie près pour lesquels un observateur intervalle peut être synthétisé [49] en se basant sur la théorie des systèmes monotones [111]. Le choix du gain de l'observateur se fait tout en assurant la coopérativité et la stabilité de l'erreur d'observation.

Soit un système partiellement linéaire, avec un terme non linéaire traduisant l'injection de la sortie, décrit par :

$$\begin{cases} \dot{x} &= Ax(t) + \varphi(y(t), \theta, u(t)) \\ y &= Cx(t) \end{cases} \tag{1.3}$$

avec $A \in \mathbb{R}^{n \times n}, C \in \mathbb{R}^{p \times n}$ et $\varphi : \mathbb{R}^{p+m+q} \longrightarrow \mathbb{R}^n$, $x \in \mathcal{D} \subseteq \mathbb{R}^n$ et $\theta \in [\underline{\theta}, \overline{\theta}] \subseteq \mathbb{R}^q$.

D'après [49, 16], la construction d'un observateur intervalle pour (1.3) nécessite trois hypothèses :

Hypothèse 3 *La paire (A, C) est détectable.*

Hypothèse 4 *Il existe un gain L tel que la matrice $(A - LC)$ soit Metzler.*

Hypothèse 5 *Il existe deux fonctions $\underline{\varphi}$ et $\overline{\varphi}$ et un réel positif $M < +\infty$ tels que :*

$$\begin{cases} \underline{\varphi}\left(y(t),\theta_m,\theta_M,u(t)\right) \leq \varphi\left(y(t),\theta,u(t)\right) \leq \overline{\varphi}\left(y(t),\theta_m,\theta_M,u(t)\right) \\ ||\overline{\varphi}\left(y(t),\theta_m,\theta_M,u(t)\right) - \underline{\varphi}\left(y(t),\theta_m,\theta_M,u(t)\right)|| \leq M \\ \forall(x,u,\theta) \in \mathcal{D} \times \mathcal{U} \times [\underline{\theta},\overline{\theta}] \end{cases} \tag{1.4}$$

Remarque 6 *Les fonctions $\underline{\varphi}$ et $\overline{\varphi}$ ne comportent pas d'incertitude paramétrique et sont construites en étudiant les propriétés de monotonie de φ par rapport au vecteur de paramètres θ. Lorsque φ conserve la même monotonie sur tout le domaine $[\underline{\theta},\overline{\theta}]$, les valeurs θ_m et θ_M utilisées dans (1.4) correspondent aux bornes $\underline{\theta}$ et $\overline{\theta}$.*

Un observateur intervalle a été proposé dans [49] pour (1.3). Les bornes inférieure et supérieure sont calculées à l'aide de deux observateurs basés sur une structure de Luenberger. Leurs dynamiques sont décrites par :

$$\begin{cases} \dot{\underline{x}} &= A\underline{x} + \underline{\varphi}(y,\theta_m,\theta_M,u) + L\left(y - C\underline{x}\right) \\ \dot{\overline{x}} &= A\overline{x} + \overline{\varphi}(y,\theta_m,\theta_M,u) + L\left(y - C\overline{x}\right) \\ \underline{x}(t_0) &\leq x(t_0) \leq \overline{x}(t_0) \end{cases} \tag{1.5}$$

On note respectivement par $\underline{e}(t) = x(t) - \underline{x}(t)$ et $\overline{e}(t) = \overline{x}(t) - x(t)$ les erreurs d'observation inférieure et supérieure.

Le système dynamique (1.5) est dit englobant (de manière garantie) si $\underline{e}(t) \geq 0$, $\overline{e}(t) \geq 0$, $\forall t \geq t_0$. Ce dernier décrit la structure d'un observateur intervalle.

Positivité de l'erreur d'observation $\underline{e}(t) = x(t) - \underline{x}(t)$

La dynamique de l'erreur d'observation inférieure est décrite par :

$$\dot{\underline{e}}(t) = (A - LC)\,\underline{e}(t) + \underline{b}(t) \tag{1.6}$$

avec $\underline{b}(t) = \varphi(y(t),\theta,u(t)) - \underline{\varphi}(y(t),\theta_m,\theta_M,u(t)) \geq 0$.

D'après l'hypothèse 4, le gain d'observation L est choisi tel que $(A - LC)$ soit Metzler. D'un autre côté, nous avons $\underline{b}(t) \geq 0, \forall t \geq t_0$ et par construction nous avons $\underline{e}(t_0) = x(t_0) - \underline{x}(t_0) \geq 0$. D'après le théorème 2, $\underline{e}(t) \geq 0, \forall t \geq t_0$, ce qui implique la relation d'ordre $x(t) \geq \underline{x}(t)$, $\forall t \geq t_0$.

La même démarche peut être faite pour l'erreur supérieure $\overline{e}(t) = \overline{x}(t) - x(t)$, ainsi que pour l'erreur totale $\overline{E}(t) = \overline{x}(t) - \underline{x}(t)$. L'idée présentée dans [103, 49] est la suivante : s'il existe un gain L tel que la matrice $(A - LC)$ soit Metzler (la matrice A n'étant pas nécessairement Metzler) et si nous connsaissons *a priori* un domaine de l'état intial vérifiant $x(t_0) \in [\underline{x}(t_0), \overline{x}(t_0)]$, alors le système décrit par (1.5) est un observateur intervalle pour le système (1.3). De plus, la convergence de (1.5) vers un pavé connu a priori est assurée par le théorème 7 [49].

Théorème 7 *Soit un système décrit par (1.3), tel que :*

- *il existe un gain L tel que la matrice $(A - LC)$ soit Metzler;*
- *la matrice $(A - LC)$ est inversible et son inverse est stable;*
- $w\left([\overline{\varphi}(y(t), \theta_m, \theta_M, u), \underline{\varphi}(y(t), \theta_m, \theta_M, u)]\right) \leq \mathcal{B}$.

Alors l'erreur totale $\overline{e}(t) - \underline{e}(t)$ converge asymptotiquement vers une valeur inférieure (terme à terme) à $e_{max} = -(A - LC)^{-1}\mathcal{B}$.

Notons que cette approche repose sur une hypothèse concernant l'injection de sortie φ. En effet, on suppose qu'il est possible de construire deux fonctions $\underline{\varphi}$ et $\overline{\varphi}$ encadrant le terme φ. Cette construction est aisée lorsque la fonction φ est monotone par rapport à ses arguments. Dans le cas contraire, cette tâche devient plus complexe et un pessimisme peut être introduit via un couplage entre $\underline{\varphi}$ et $\overline{\varphi}$ dû à la présence simultanée de θ_m et θ_M dans ces deux fonctions.

D'autre part, l'hypothèse 4 est nécessaire pour construire (1.5) (déterminer un gain L tel que la matrice $A - LC$ soit Metzler). Néanmoins, il n'est pas toujours possible de déterminer un gain assurant la coopérativité de l'erreur d'observation dans la base initiale. Afin de relaxer cette limitation, un changement de coordonnées a été proposé dans [78, 79]. Il a été démontré qu'un système LTI peut être transformé sous une forme coopérative en utilisant un changement de coordonnées basé sur une représentation de Jordan.

Dans le paragraphe suivant, nous présentons des résultats [96] qui se basent sur le changement de coordonnées invariant dans le temps pour la construction d'observateurs intervalles pour des systèmes LTI, même dans le cas de valeurs propres complexes.

1.3 Observateurs intervalles pour des systèmes LTI par changement de coordonnées invariant dans le temps

Dans cette section, nous présentons une technique récente [96] pour la construction d'observateurs intervalles pour des systèmes LTI. Cette approche utilise le principe d'un changement de coordonnées pour satisfaire la condition de Metzler. Pour ce faire, une matrice de passage invariant dans le temps est construite. Cette matrice est déterminée grâce à la résolution d'une équation de Sylvester [1], comme nous le verrons dans la suite.

Considérons tout d'abord un système décrit par :

$$\begin{cases} \dot{x} &= Ax + Bu \\ y &= Cx \end{cases} \tag{1.7}$$

Etant donné qu'il n'est pas toujours possible de déterminer un gain L tel que $A - LC$ soit stable et Metzler, l'objectif est de déterminer une matrice de transformation non singulière P telle que, dans une nouvelle base $z = Px$, le système :

$$\begin{cases} \dot{z} &= PAP^{-1}z + PBu \\ y &= CP^{-1}z \end{cases} \tag{1.8}$$

possède un observateur

$$\begin{aligned} \dot{\hat{z}} &= PAP^{-1}\hat{z} + PBu + PL(y - CP^{-1}\hat{z}) \\ &= R\hat{z} + PBu + PLy, \end{aligned} \tag{1.9}$$

où $R = PAP^{-1} - PLCP^{-1}$ est une matrice stable et Metzler.

Etant donné que la matrice P est non singulière, nous avons :

$$PA - RP = QC, \quad Q = PL. \tag{1.10}$$

L'équation (1.10) est une équation de Sylvester dont l'inconnue est la matrice de transformation P [8]. Si les matrices A et R ne possèdent aucune valeur propre commune, alors l'équation de Sylvester possède une solution unique pour tout Q.

Nous trouvons dans la littérature différentes méthodes pour résoudre l'équation (1.10). Les plus connues, basées sur une approche dite directe, utilisent d'abord une transformation sous la forme de Schur puis la résolution s'effectue par un processus de rétro-substitution [12, 41, 43].

Le lemme 1 [96] présente une procédure simple pour calculer les matrices L et P.

1. L'équation de Sylvester a une forme générale décrite par : $AX + XB = C$ où $A \in \mathbb{R}^{n \times n}$, $B \in \mathbb{R}^{m \times m}$, $C \in \mathbb{R}^{n \times m}$ et $X \in \mathbb{R}^{n \times m}$ est la matrice inconnue à déterminer.

Lemme 1 *[96] Soient une matrice $(A - LC)$ et une matrice Metzler R ayant les mêmes valeurs propres pour un gain L. S'il existe deux vecteurs e_1 et e_2 tels que les paires $(A - LC, e_1)$ et (R, e_2) sont observables, alors*

$$P = O_2^{-1}O_1 \quad et \quad Q = PL$$

satisfont (1.10) où

$$O_1 = \begin{bmatrix} e_1 \\ \vdots \\ e_1(A - LC)^{n-1} \end{bmatrix}; O_2 = \begin{bmatrix} e_2 \\ \vdots \\ e_2R^{n-1} \end{bmatrix}.$$

Preuve. Etant donné que les paires $(A - LC, e_1)$ et (R, e_2) sont observables, les matrices O_1 et O_2 sont non singulières. En outre, les transformations $O_1(A - LC)O_1^{-1}$ et $O_2RO_2^{-1}$ transforment les matrices $A - LC$ et R sous leurs formes canoniques observables. On a alors :

$$O_1(A - LC)O_1^{-1} = O_2RO_2^{-1}.$$

En remplaçant la matrice R par son expression $P(A-LC)P^{-1}$ et, par identification, nous obtenons l'égalité $P = O_2^{-1}O_1$. □

Une procédure simple pour choisir R peut être proposée pour le cas de valeurs propres réelles (non nécessairement simples). Par exemple, si la paire (A, C) est observable, nous pouvons déterminer un gain L tel que $(A - LC)$ possède des valeurs propres réelles. On choisit alors une matrice R sous une forme triangulaire inférieure avec les valeurs propres de $(A-LC)$ sur la diagonale et des éléments non négatifs en dehors de cette diagonale. Les conditions du lemme 1 sont donc satisfaites.

Après avoir fixé un gain L assurant la stabilité de la matrice $A-LC$, le lemme 1 nous permet de calculer une matrice de passage P assurant la coopérativité de système dans la nouvelle base. Les conditions de stabilité et de Metzler sont donc satisfaites et nous avons la possibilité de construire un observateur intervalle.

1.4 Observateurs intervalles pour des systèmes LTI par changement de coordonnées variant dans le temps

Dans la section précédente, nous avons vu qu'un changement de coordonnées invariant dans le temps a été proposé pour relaxer certaines limitations liées à la satisfaction simultanée des conditions de stabilité et de coopérativité, et permettre ainsi de synthétiser un observateur intervalle pour les systèmes LTI. Dans [78, 79], ce problème a été aussi résolu en utilisant un changement de coordonnées variant dans le temps pour la synthèse de prédicteurs/observateurs. Dans cette section, un changement de coordonnées variant dans le temps est proposé pour la construction d'un observateur intervalle pour des systèmes LTI.

Le problème est formulé dans le paragraphe 1.4.1. Après la décomposition de Jordan de la matrice d'état (paragraphe 1.4.2), un changement de coordonnées variant dans le temps, permettant de transformer le système LTI original sous une forme telle que la propriété de monotonie soit assurée dans la nouvelle base est présenté dans le paragraphe 1.4.3. Puis, des définitions et notations relatives à l'utilisation d'intervalles complexes sous forme centrée sont données dans le paragraphe 1.4.4. Elles seront utilisées dans le paragraphe 1.4.5 pour la synthèse d'un observateur intervalle [99]. Le travail présenté dans cette section étend les résultats de [27] et s'appuie sur [25]. Le changement de coordonnées présenté dans la suite est exprimé à partir d'une décomposition de Jordan exprimée dans le corps des nombres complexes, ce qui conduit à des notations permettant de décomposer les dynamiques tant non oscillantes qu'oscillantes sous la forme de seules dynamiques du premier ordre.

1.4.1 Formulation du problème

On considère un système linéaire décrit par :

$$\dot{x}(t) = Ax(t) + \phi(t) \tag{1.11}$$

où $A \in \mathbb{R}^{n\times n} \subset \mathbb{C}^{n\times n}$, $\phi(t) \in \mathbb{R}^n$ et $x(t) \in \mathbb{R}^n$. Le système (1.11) est supposé stable au sens de Hurwitz. Autrement dit, les valeurs propres de la matrice d'état A sont supposées à partie réelle strictement négative.

Il faut noter que, à la condition qu'un système LTI est détectable, il est toujours possible de construire un observateur (par exemple celui de Luenberger) ayant la forme de (1.11) et satisfaisant la condition sur A qui va dépendre, dans ce cas, du gain de l'observateur (il faut choisir ce gain tel que la matrice A soit stable). Par la suite, la construction de l'observateur intervalle est basé sur un tel observateur mis sous la forme (1.11).

On suppose que l'état initial est borné (1.12) et que le terme d'entrée $\phi(t)$, supposé continu, est englobé par un zonotope [23] variant dans le temps (1.13).

$$x(0) \in [\underline{x}(0), \overline{x}(0)] \tag{1.12}$$

$$\begin{aligned} \phi(t) &= u(t) + Z(t)s(t), \\ \forall t &\in \mathbb{R}^+, s(t) \in [-1,1]^p \end{aligned} \tag{1.13}$$

L'entrée $u(t) \in \mathbb{R}^n$ est connue et $Z(t) \in \mathbb{R}^{n\times p}$ est une matrice bornée connue.

Dans la suite, on va s'intéresser à la construction d'un observateur intervalle pour le modèle (1.11), en déterminant deux dynamiques associées au centre et au rayon d'un intervalle permettant de déduire des bornes supérieure ($\overline{x}(t)$) et inférieure ($\underline{x}(t)$) du vecteur d'état $x(t)$. Pour ce faire, et comme première étape, nous allons procéder à la décomposition de Jordan de la matrice d'état décrite dans le paragraphe suivant.

1.4.2 Décomposition de Jordan de la matrice d'état

Étant donné que toute matrice carrée (réelle ou complexe) peut être exprimée sous une forme canonique de Jordan, il existe V et J tels que :

$$A = V^{-1}JV \tag{1.14}$$

$$J = \mathrm{diag}(\xi + i\omega) + \eta, \quad \xi \in \mathbb{R}^n,\ \omega \in \mathbb{R}^n,\ \eta \in \mathfrak{N}_n \tag{1.15}$$

où $V \in \mathbb{C}^{n\times n}$ est inversible, ξ (resp. ω) est le vecteur qui contient la partie réelle (resp. imaginaire) des valeurs propres de A. Par conséquent, la matrice A est Hurwitz ssi $\xi < 0$. diag$(\dots)$ a comme sortie une matrice carrée diagonale dont les éléments diagonaux sont ceux du vecteur d'entrée pris dans le même ordre et η est une matrice nilpotente de dimenion n dont les éléments non nuls sont tous placés sur la première sur-diagonale. De plus, la décomposition de Jordan de A est telle que les éléments non nuls de η sont tous positifs et égaux à 1. Par conséquent, η appartient à l'ensemble $\mathfrak{N}_n$ des matrices nilpotentes de dimension n défini par (4.35) où $\delta_{a,b}$ est l'opérateur delta de Kronecker ($\delta_{a,b} = 1$ si $a = b$, sinon $\delta_{a,b} = 0$) :

$$\mathfrak{N}_n = \{\eta \,|\, \forall (i,j) \in \{1,\dots,n\}^2,\ \eta_{ij} \in \{0\} \cup \{\delta_{i,j-1}\}\}. \tag{1.16}$$

En se basant sur cette décomposition, un changement de coordonnées variant dans le temps est proposé dans le paragraphe suivant.

1.4.3 Changement de variables variant dans le temps

Une nouvelle expression d'un changement de variables variant dans le temps et assurant la monotonie de (1.11) dans la nouvelle base est donnée par le théorème suivant :

Théorème 8 *[27]*

En se basant sur la décomposition de Jordan de la matrice A dans le corps des nombres complexes $\mathbb{C}$ (1.14)-(1.15), le système (1.11) peut être réécrit sous la forme (1.18) en utilisant le changement de variables variant dans le temps (1.17), où $z(t) \in \mathbb{C}^n$:

$$z(t) = \text{diag}(e^{-i\omega t})Vx(t), \tag{1.17}$$

$$\dot{z}(t) = (\text{diag}(\xi) + \eta)z(t) + \psi(t), \quad \textit{avec } \psi(t) = \text{diag}(e^{-i\omega t})V\phi(t) \tag{1.18}$$

où $e^{(\cdots)}$ est la fonction exponentielle élément par élément.

Preuve. La dérivée de (1.17) par rapport au temps donne :

$$\dot{z}(t) = \text{diag}(-i\omega)\text{diag}(e^{-i\omega t})Vx(t) + \text{diag}(e^{-i\omega t})V\dot{x}(t).$$

En remplaçant $\dot{x}(t)$ par $Ax(t) + \phi(t)$ et la matrice A par son expression donnée par (1.14)-(1.15),

$$\dot{z}(t) = -\text{diag}(i\omega)\text{diag}(e^{-i\omega t})Vx(t) + \text{diag}(e^{-i\omega t})(\text{diag}(\xi + i\omega) + \eta)Vx(t) + \text{diag}(e^{-i\omega t})V\phi(t).$$

Une simplification peut être obtenue en remplaçant $\text{diag}(\xi+i\omega)$ par $\text{diag}(\xi)+\text{diag}(i\omega)$ et $\text{diag}(e^{-i\omega t})\text{diag}(i\omega)$ par $\text{diag}(i\omega)\text{diag}(e^{-i\omega t})$, ce qui conduit à $\dot{z}(t) = \text{diag}(e^{-i\omega t})(\text{diag}(\xi)$ $+\eta)Vx(t) + \text{diag}(e^{-i\omega t})V\phi(t)$.

Comme $\text{diag}(e^{-i\omega t})(\text{diag}(\xi) + \eta) = (\text{diag}(\xi) + \eta)\text{diag}(e^{-i\omega t})$ du fait de la structure diagonale par blocs correspondant aux blocs de Jordan, on a $\dot{z}(t) = (\text{diag}(\xi) + \eta)\text{diag}(e^{-i\omega t})Vx(t) + \text{diag}(e^{-i\omega t})V\phi(t)$. En remplaçant $\text{diag}(e^{-i\omega t})Vx(t)$ par $z(t)$ (équation (1.17)), la dynamique (1.18) est obtenue. □

D'après le théorème 8 et le changement de coordonnées (1.17), n'importe quel système LTI peut être transformé sous la forme (1.18) dont la propriété de monotonie est assurée.

Nous remarquons que la matrice d'état du système obtenu après transformation reste invariant dans le temps tandis que les entrées varient explicitement dans le temps. De plus, les parties réelles des valeurs propres de A (matrice d'état du système LTI original) représentent les pôles ξ du système transformé, ce qui montre la préservation de la propriété de stabilité ($\xi < 0$) par le changement de coordonnées proposé.

Avant de passer à la construction d'un observateur intervalle pour le système (1.18), quelques notions sur une représentation particulière des intervalles complexes ainsi qu'un rappel sur les formes centrées seront présentés dans le paragraphe suivant [25].

1.4.4 Intervalles complexes et formes centrées

L'arithmétique des intervalles réels [84] a été étendue aux intervalles complexes dans différents travaux [94, 19]. Dans ce qui suit, nous allons considérer la représentation rectangulaire où un intervalle complexe est défini par deux intervalles réels représentant respectivement la partie réelle et la partie imaginaire. Pour manipuler les formes centrées, un certain nombre de notations et d'opérateurs sont introduits.

Soit une relation d'ordre $\bullet \in \{=, <, >\}$ définie sur le corps $\mathbb{C}$ des nombres complexes par :

$$\forall (a,b) \in \mathbb{C} \times \mathbb{C},\ a \bullet b \Leftrightarrow (a^R \bullet b^R) \wedge (a^I \bullet b^I).$$

La même définition peut s'appliquer pour $\bullet \in \{\leq, \geq\}$.

Notons par $a^R \in \mathbb{R}$ et $a^I \in \mathbb{R}$ respectivement les parties réelle et imaginaire de $a \in \mathbb{C}$ (de même pour b). Cette notation est utilisée pour faire référence à la partie réelle et imaginaire d'un scalaire dans $\mathbb{C}$ ainsi que pour les éléments d'un vecteur ou d'une matrice complexe.

L'intervalle complexe $[a, b]$ est défini par $[a, b] = [a^R, b^R] + i[a^I, b^I]$ si $a \leq b$. Les intervalles $[a^R, b^R] = [a, b]^R$ et $[a^I, b^I] = [a, b]^I$ sont alors des intervalles réels.

Pour utiliser la forme centrée, on définit l'opérateur $\pm : \mathbb{C} \times \mathbb{C}^+ \rightarrow \mathbb{IC}$ comme suit :

$$c \pm r = [c - r, c + r] \quad \text{où} \quad r \geq 0 \tag{1.19}$$

où $\mathbb{C}^+ = \{r \in \mathbb{C}, r \geq 0\}$ définit l'ensemble des nombres complexes *positifs* et $\mathbb{IC}$ est l'ensemble des intervalles complexes. c (resp. r) est le centre (resp. rayon) de l'intervalle complexe $c \pm r$. La relation d'ordre utilisée assure que $r \geq 0 \Leftrightarrow c - r \leq c + r$ et $c \pm r$ est alors défini $\forall r \in \mathbb{C}^+$. De plus, $[a, b] = (b + a)/2 \pm (b - a)/2$ si $a \leq b$. La restriction de $\pm$ aux nombres réels ($\pm : \mathbb{R} \times \mathbb{R}^+ \rightarrow \mathbb{IR}$, où $\mathbb{IR}$ est l'ensemble des intervalles réels) est définie comme dans (1.19). D'où $(c \pm r)^R = c^R \pm r^R$ et $(c \pm r)^I = c^I \pm r^I$.

Pour calculer l'image $a(c \pm r)$, deux opérateurs sur les nombres complexes scalaires, *cabs* et *ctimes* sont définis par :

$$cabs : |a| = |a^R| + i|a^I|,$$
$$ctimes : a \diamond b = |a||b| + 2|a^I||b^I|.$$

cabs désigne un opérateur de valeur absolue différent du module noté $||a||$ dans la suite. Il est également important de souligner que *ctimes*, noté $\diamond$, n'est pas le produit usuel. L'extension de *cabs* à des vecteurs et des matrices est obtenue par l'extension élément par élément du cas scalaire et l'image linéaire d'une matrice intervalle complexe peut s'obtenir comme indiqué dans le théorème suivant.

Théorème 9 $\forall (M, C, R) \in \mathbb{C}^{n\times p} \times \mathbb{C}^{p\times q} \times (\mathbb{C}^+)^{p\times q}$,

$$M(C \pm R) = (MC) \pm (M \diamond R) \in \mathbb{IC}^{n\times q} \tag{1.20}$$
$$\text{où } M \diamond R = |M|R + 2|M^I|R^I \in (\mathbb{C}^+)^{n\times q}$$

La preuve du théorème 9 ainsi qu'un certain nombre de détails sur les opérateurs *cabs* et *ctimes* sont donnés dans [27].

Corollaire 1 *Somme de vecteurs intervalles :* $(c_1 \pm r_1) + (c_2 \pm r_2) = (c_1 + c_2) \pm (r_1 + r_2)$.

1.4.5 Observateur intervalle

L'objectif est de synthétiser un observateur intervalle pour un système LTI dont la dynamique est décrite par l'équation (1.11). Lorsque ce système est monotone, il est aisé de calculer des bornes ($\underline{x}(t) = x^c(t) - x^r(t)$ et $\overline{x}(t) = x^c(t) + x^r(t)$ où x^c et x^r désignent respectivement le centre et le rayon de l'intervalle $x^c \pm x^r = [\underline{x}, \overline{x}]$) englobant toutes les trajectoires possibles de $x(t)$. Néanmoins, les systèmes décrits par (1.11) sont rarement monotones.

En se basant sur la décomposition de Jordan de la matrice A, nous utilisons un changement de variable variant dans le temps, $z(t) = \text{diag}(e^{-i\omega t})Vx(t)$ (1.17), assurant la monotonie de (1.11) dans la nouvelle base. Dans ce cas, un observateur intervalle pour le système LTI décrit par (1.11) peut être établi comme indiqué par le théorème 10.

Théorème 10 *Un observateur intervalle pour le système LTI décrit par* $\dot{x}(t) = Ax(t) + \phi(t)$ *(1.11) où* A *est décomposée comme dans (1.14)-(1.15)(Jordan) et avec :*

$\mathcal{A}_1$ *:* $x(0) \in x^c(0) \pm x^r(0)$ *(*$x^r(0) \geq 0$*),*

$\mathcal{A}_2$: $A \in \mathbb{C}^{n \times n}$ est stable au sens de Hurwitz, autrement dit, $\xi < 0$,

$\mathcal{A}_3$: $Z(t) \in \mathbb{R}^{n \times p}$ bornée, $u(t) \in \mathbb{R}^n$,

$\mathcal{A}_4$: $u(t)$, $Z(t)$ et $s(t)$ sont continus par rapport à t,

$\mathcal{A}_5$: $\forall t \in \mathbb{R}^+$, $s(t) \in [-1, +1]^p \subset \mathbb{R}^p$,

$\mathcal{A}_6$: $z^c(0) = Vx^c(0)$, $z^r(0) = V \diamond x^r(0)$,

est décrit, dans la nouvelle base et sous la forme centrée, par les dynamiques (1.21)-(1.22) où $z^c(t) \in \mathbb{C}^n$ et $z^r(t) \in \mathbb{C}^n$. Il satisfait (1.23).

$$\dot{z}^c(t) = (\mathrm{diag}(\xi) + \eta)z^c(t) + \mathrm{diag}(e^{-i\omega t})Vu(t) \tag{1.21}$$

$$\dot{z}^r(t) = (\mathrm{diag}(\xi) + \eta)z^r(t) + |\mathrm{diag}(e^{-i\omega t})VZ(t)|\,\mathbf{1} \tag{1.22}$$

$$\forall t \in \mathbb{R}^+, z^r(t) \geq 0 \wedge z(t) \in z^c(t) \pm z^r(t) \subset \mathbb{C}^n. \tag{1.23}$$

Dans la base d'origine, les bornes englobant toutes les trajectoires possibles de $x(t)$ sont définies sous la forme centrée (1.24)-(1.25) et satisfont (1.26) :

$$x^c(t) = V^{-1}\mathrm{diag}(e^{i\omega t})z^c(t) \tag{1.24}$$

$$x^r(t) = (V^{-1}\mathrm{diag}(e^{i\omega t})) \diamond z^r(t) \tag{1.25}$$

$$\forall t \in \mathbb{R}^+, x(t) \in x^{c,R}(t) \pm x^{r,R}(t) \subset \mathbb{R}^n. \tag{1.26}$$

□

Rappelons que $e^{(\dots)}$ est la fonction exponentielle élément par élément. $|...|$ indique l'opérateur *cabs*. ***1*** est un vecteur colonne dont les éléments sont égaux à 1. diag(...) a comme sortie une matrice carrée diagonale dont les éléments diagonaux coïncident avec les éléments du vecteur d'entrée, dans le même ordre. Les notations en exposant c et r désignent respectivement le centre et le rayon de l'intervalle correspondant.

Preuve. [25]

La preuve du théorème 10 s'appuie sur le théorème 8 qui permet de transformer le système de départ (1.11) sous la forme (1.18) dans la nouvelle base et donner les expressions de $\psi^c(t)$ et $\psi^r(t)$ telles que $\psi(t) \in \psi^c(t) \pm \psi^r(t)$. Ensuite, en utilisant la nouvelle expression de (1.11), les expressions de $(\psi^c(t),\ \psi^r(t))$, et en se basant sur le théorème 5 dans [25], la structure de l'observateur donné par le théorème 10, sa stabilité ainsi que les propriétés d'inclusion sont justifiées.

- *Dynamique du système dans la nouvelle base :*

En utilisant le changement de coordonnées $z(t) = \text{diag}(e^{-i\omega t})Vx(t)$ basé sur la décomposition de Jordan de la matrice d'état A, le théorème 8, déjà prouvé dans le paragraphe 1.4.3 donne l'expression du système (1.11) dans la nouvelle base $z(t)$ (1.18) où $\psi(t) = \text{diag}(e^{-i\omega t})V\phi(t)$ et $\phi(t)$ est définie par l'équation (1.13).

- *Expressions de $\psi^c(t)$ et $\psi^r(t)$:*

D'après (1.18), $\psi(t) \in \text{diag}(e^{-i\omega t})V(u(t)+Z(t)(\mathbf{0}\pm\boldsymbol{1}))$, ce qui implique $\psi(t) \in \text{diag}(e^{-i\omega t})Vu(t)+\text{diag}(e^{-i\omega t})VZ(t)(\mathbf{0} \pm \boldsymbol{1})$.

En se basant sur le théorème 9, l'expression précédente peut être exprimée sous la forme $\psi(t) \in \psi^c(t) \pm \psi^r(t)$ avec $\psi^c(t) = \text{diag}(e^{-i\omega t})Vu(t)$ et $\psi^r(t) = |\text{diag}(e^{-i\omega t})VZ(t)|\boldsymbol{1}$.

- *Nous vérifions les hypothèses suivantes :*

$$\begin{aligned}
&\hat{A}_1 : \dot{z}(t) = (\text{diag}(\xi) + \eta)z(t) + \psi(t),\\
&\hat{A}_2 : z(t) \in \mathbb{C}^n, z^r(0) \geq 0, z(0) \in z^c(0) \pm z^r(0),\\
&\hat{A}_3 : \xi < 0,\\
&\hat{A}_4 : \psi^c(t) \in \mathbb{C}^n \textit{ et } \psi^r(t) \in \mathbb{C}^n \textit{ sont continus},\\
&\hat{A}_5 : \psi^r(t) \geq 0 \textit{ et } \psi(t) \in \psi^c(t) \pm \psi^r(t),\\
&\hat{A}_6 : obs^c \textit{ et } obs^r \textit{ sont deux systèmes de dynamiques complexes}\\
&\quad \textit{respectivement définis comme dans } (1.27) \textit{ et } (1.28) :
\end{aligned}$$

$$\dot{z}^c(t) = (\mathrm{diag}(\xi) + \eta)z^c(t) + \psi^c(t) \tag{1.27}$$

$$\dot{z}^r(t) = (\mathrm{diag}(\xi) + \eta)z^r(t) + \psi^r(t) \tag{1.28}$$

Le théorème 5 dans [25] montre que $obs = (obs^c, obs^r)$ est un observateur intervalle stable pour le système défini dans $\hat{A}_1$, et vérifie la propriété d'inclusion (1.23). Pour revenir à la base d'origine ($x(t)$), il suffit d'utiliser l'inversion[2] du changement de coordonnées variant dans le temps : $x(t) = V^{-1}\mathrm{diag}(e^{i\omega t})z(t)$. Ainsi, le théorème 10 est prouvé. □

Il faut noter que la stabilité de l'observateur intervalle obtenu est déduite directement de la stabilité du système (1.11). En effet, lorsque (1.11) est stable, alors la matrice $(\mathrm{diag}(\xi) + \eta)$ est Hurwitz ($\xi < 0$). On peut donc conclure que la dynamique du centre (1.21)/(1.27) (resp. du rayon (1.22)/(1.28)) est stable.

Ayant la forme (1.11), le théorème 10 donne la structure de l'observateur intervalle ((1.21)-(1.22), (1.24)-(1.25)) permettant de calculer des bornes englobant les valeurs possibles de l'état.

1.5 Conclusion

Dans ce chapitre, nous nous sommes intéressés au cas de systèmes LTI. Tout d'abord, nous avons rappelé quelques résultats de la littérature portant sur les observateurs intervalles classiques et basés sur la théorie des systèmes monotones. Cette approche a été appliquée à une certaine classe de systèmes partiellement linéaires. Nous avons montré que la construction de tels observateurs est conditionnée par la coopérativité de l'erreur d'observation. Les travaux visant à lever cette limitation sont généralement basés sur un changement de coordonnées qui permet d'assurer la propriété de monotonie dans la nouvelle base. Nous avons présenté quelques résultats utilisant un changement de coordonnées invariant dans le temps pour la construction des observateurs intervalles destinés au cas des systèmes LTI. Nous avons présenté également un changement de coordonnées variant dans le temps permettant la synthèse d'un observateur intervalle sans hypothèse supplémentaire par rapport à celle requise dans le cas classique (paire (A, C) détectable) pour assurer la stabilité des dynamiques décrivant l'évolution temporelle des bornes sur les états.

2. Notons que cette inversion du changement de variable variant dans le temps ne requiert pas une inversion matricielle à chaque instant puisque V^{-1} peut être pré-calculée et la charge de calcul liée à la multiplication par $\mathrm{diag}(e^{i\omega t})$ est très faible (simple multiplication de chaque colonne de V^{-1} par un scalaire).

Dans le chapitre suivant, nous allons nous appuyer sur ces derniers résultats pour étendre la construction des observateurs intervalles à une classe de systèmes LPV.

Chapitre 2

Calcul d'atteignabilité et synthèse d'observateurs intervalles pour des systèmes LPV

2.1 Introduction

Dans le chapitre précédent, nous avons présenté quelques techniques pour la construction d'observateurs intervalles pour des systèmes LTI. Parmi ces techniques, nous trouvons celle basée sur un changement de coordonnées variant dans le temps. Dans ce chapitre, nous allons étendre cette dernière à des systèmes linéaires à paramètres variants dont les matrices des équations d'état sont des fonctions d'un vecteur d'ordonnancement. En premier lieu, nous traiterons le problème de l'atteignabilité, ensuite celui de l'observation pour cette classe de systèmes.

Le calcul d'atteignabilité revient à caractériser les ensembles englobant toutes les trajectoires du vecteur d'état d'un système dynamique incertain. Ils sont générés à partir des conditions initiales supposées incertaines et appartenant à un domaine connu. Ces ensembles atteignables peuvent être utilisés dans différents domaines de l'automatique comme la commande robuste [74, 38], l'estimation [57, 97, 63, 23] ou le diagnostic [73, 71].

Dans la litérature, différentes techniques ensemblistes d'atteignabilité ont été développées. On trouve par exemple celles basées sur des sur-approximations de l'espace d'état atteignable par des formes géométriques telles que des polytopes [6], des zonotopes [45, 22, 26] ou des ellipsoïdes [18]. Le choix de ces formes dépend de la nature du modèle, i.e. linéaire ou non linéaire, à incertitudes multiplicatives ou additives, à temps continu ou discret. Dans le cas général de dynamiques non linéaires continues, le solveur VNODE-LP [1] [87] peut être utilisé pour calculer l'ensemble atteignable. Ce solveur utilise des développements de Taylor par intervalles et la méthode Hermite Obreschkoff intervalle [91]. Dans le cas où la taille des incertitudes sur l'état initial et les incertitudes paramétriques est large, ces techniques d'intégration numérique présentent souvent un certain pessimisme lors du calcul de l'ensemble atteignable. Une alternative possible est d'utiliser l'approche fondée sur la construction de systèmes englobants [100]. Cette méthode cherche à déterminer des trajectoires inférieure et supérieure de l'ensemble des vecteurs d'états admissibles. Elle repose sur le théorème d'existence de Müller [85, 64, 110] et la théorie des systèmes monotones [101]. La combinaison de la méthode de construction de systèmes englobants et les techniques numériques garanties de résolution d'équations différentielles incertaines a fait l'objet de travaux récents [39] visant à caractériser les ensembles atteignables pour une classe générale de systèmes non linéaires. Cette dernière technique sera présentée dans la première section de ce chapitre.

Une autre approche a été également proposée dans [105] où une connaissance physique a priori est associée à des inégalités différentielles pour réduire la taille des enveloppes calculées. D'autres méthodes permettant le calcul des ensembles atteignables en utilisant les équations de Hamilton Jacobi-Isaacs (HJI) ont été également développées dans [44, 82].

Dans la deuxième section de ce chapitre, nous développons une technique d'atteignabilité dédiée aux systèmes LPV [112] en se basant sur un changement de variables variant dans le temps permettant d'assurer les propriétés de monotonie dans la nouvelle base. Cette technique se base sur les développements décrits dans le premier chapitre pour le cas LTI. L'approche proposée peut être utilisée pour le calcul des ensembles atteignables de systèmes non linéaires après leur transformation sous la forme LPV. Quelques techniques usuelles de transformation ou d'approximation de systèmes non linéaires sous forme LPV sont présentées dans l'annexe A. D'autres méthodes garanties pour la transformation quasi-LPV/LPV d'un système non linéaire seront détaillées dans le chapitre 4. Une comparaison entre la méthode d'atteignabilité proposée et la technique d'atteignabilité existante à base de systèmes englobants et intégration numérique garantie [39] est présentée dans la section 2.4. Cette technique est ensuite exploitée pour la construction d'observateurs intervalles. A ce stade, il convient de noter également qu'il existe dans la littérature quelques techniques

1. A Validated Solver for Initial Value Problems for Ordinary Differential Equations

pour l'estimation d'état destinées aux systèmes LPV telles que, par exemple, celle basée sur un schéma d'interpolation pour le cas discret [30] ou encore l'estimation par intervalle en appliquant des techniques à base de modes glissants d'ordres supérieurs (Higher Order Sliding Modes : HOSM) [34]. Un observateur intervalle a également été proposé dans [98] pour des systèmes non linéaires en utilisant une représentation quasi-LPV. Cet observateur est composé de deux observateurs inférieur et supérieur basés sur une structure de Luenberger. Il nécessite deux hypothèses fortes. Tout d'abord, le domaine de l'état doit être petit et connu a priori. Ensuite, il s'agit de déterminer des gains tels que les matrices d'état des dynamiques inférieure et supérieure de l'observateur intervalle soient coopératives. Cette dernière technique sera présentée dans le paragraphe 2.5.1 comme une première approche pour la construction des observateurs intervalles pour des systèmes LPV. Afin de relaxer cette limitation, une nouvelle méthode faisant l'objet de [115] sera développée dans le paragraphe 2.5.2. Elle se base sur le calcul d'ensembles atteignables dédiés à une classe de systèmes LPV. Cette technique sera développée dans la section 2.3. Ainsi, la construction de l'observateur intervalle s'appuie sur un changement de coordonnées variant dans le temps, ce qui permet de relaxer dans une large mesure l'hypothèse restrictive de coopérativité.

2.2 Atteignabilité à base de systèmes englobants et intégration numérique garantie

Commençons par présenter la définition d'un ensemble atteignable pour des systèmes dynamiques incertains sur un horizon de temps fini.

Définition 11 *[Ensemble atteignable]*

On considère un système décrit par :

$$\begin{cases} \dot{x}(t) = f(x(t), \theta(t)), \\ x(t_0) \in \mathbb{X}_0, \end{cases} \tag{2.1}$$

où $x(t) \in \mathbb{R}^n$ est le vecteur d'état et $\theta(t) \in \Theta \subseteq \mathbb{R}^q$ est le vecteur des paramètres incertains. L'état initial est supposé appartenir à un domaine connu $\mathbb{X}_0$.

Le calcul d'atteignabilité consiste à caractériser l'ensemble $\Re([t_0, t_f]; \mathbb{X}_0)$ de toutes les trajectoires possibles du vecteur d'état générées à partir des conditions initiales supposées incertaines et bornées par $\mathbb{X}_0$.

$$\Re([t_0, t_f]; \mathbb{X}_0) = \{x(t), t_0 \leq t \leq t_f | (\dot{x}(t) = f(x(t), \theta(t))) \\ \wedge (x(t_0) = x(0) \in \mathbb{X}_0) \wedge (\theta(t) \in \Theta)\}. \tag{2.2}$$

□

Dans la suite de cette section, nous présentons tout d'abord l'approche utilisant des techniques numériques garanties de résolution d'équations différentielles incertaines pour la caractérisation de l'ensemble atteignable du système (2.1). Ensuite, une autre approche obtenue en associant ces techniques aux méthodes de construction de systèmes englobants sera présentée.

Il est toujours possible de définir un vecteur d'état étendu $(x^T(t), \theta^T(t))^T$. Dans la suite de cette section et sans perte de généralité, nous allons considérer le système décrit par :

$$\begin{cases} \dot{x}(t) & = & f(x(t), t) \\ x(t_0) & \in & \mathbb{X}(t_0) \end{cases}, \tag{2.3}$$

où $x(t)$ peut être un vecteur d'état étendu.

Pour le calcul de l'ensemble atteignable d'un système non linéaire (2.3), la première approche présentée dans cette section est basée sur l'arithmétique des intervalles.

2.2.1 Analyse par intervalles

Un intervalle $[x] = [\underline{x}, \overline{x}]$ est un ensemble fermé et borné de nombres réels [84, 58]. L'ensemble des intervalles de $\mathbb{R}$ est noté $\mathbb{IR}$. Les opérations arithmétiques sont étendues aux intervalles réels. Soient $[x] \in \mathbb{IR}$ et $[y] \in \mathbb{IR}$, les opérations élémentaires sur les intervalles sont définies par :

$$[x] + [y] = [\underline{x} + \underline{y}, \overline{x} + \overline{y}], \tag{2.4}$$

$$[x] - [y] = [\underline{x} - \overline{y}, \overline{x} - \underline{y}], \tag{2.5}$$

$$[x].[y] = [\min(\underline{x}\underline{y}, \underline{x}\overline{y}, \overline{x}\underline{y}, \overline{x}\overline{y}), \max(\underline{x}\underline{y}, \underline{x}\overline{y}, \overline{x}\underline{y}, \overline{x}\overline{y})], \tag{2.6}$$

$$[x]/[y] = \begin{cases} [x] \times \left[\frac{1}{\overline{y}}, \frac{1}{\underline{y}}\right], & \text{si} \quad 0 \notin [y], \\ ]-\infty, \infty[, & \text{si} \quad 0 \in [y]. \end{cases} \tag{2.7}$$

Par ailleurs, les fonctions sur $\mathbb{R}$ sont également étendues aux intervalles. Soit $\mathbf{f}([\mathbf{x}])$ l'évaluation de $\mathbf{f}$ sur l'intervalle (ou vecteur d'intervalles) $[\mathbf{x}]$, une fonction d'inclusion de $\mathbf{f}$, notée $[\mathbf{f}]$, satisfait :

$$\mathbf{f}([\mathbf{x}]) \subseteq [\mathbf{f}]([\mathbf{x}]), \quad \forall [x] \in \mathbb{IR}. \tag{2.8}$$

2.2.2 Méthodes de Taylor par intervalles

La technique présentée dans ce paragraphe est basée sur une intégration numérique garantie de l'équation d'état incertaine (2.3) entre les instants successifs t_j et t_{j+1} décrivant deux pas de calculs successifs. L'idée est de calculer un pavé $[x_{j+1}]$ contenant le domaine atteignable exact $\mathbb{X}_{j+1}^{+}$ à t_{j+1} connaissant l'encadrement $[x_j]$ de $\mathbb{X}_j$ à t_j. Cette phase se déroule généralement en deux étapes.

- **Existence et Unicité :** la première consiste à vérifier l'existence et l'unicité de la solution pour chaque condition initiale $x_j \in [x_j]$. Si elles sont prouvées, un pas d'intégration et un encadrement *a priori* $[\tilde{x}_j]$ vérifiant :

  $$x(t) \in [\tilde{x}_j], \forall t \in [t_j, t_{j+1}], \tag{2.9}$$

  sont calculés [29, 88, 91].

  Les méthodes d'intégration numérique garantie d'Equations Différentielles Ordinaires (EDO) se basent sur le théorème du point fixe et l'opérateur de Picard-Lindelöf. Il est démontré [91] que si un pavé $[\tilde{x}_j]$ vérifie l'inclusion :

  $$[x_j] + [0, h] f([\tilde{x}_j], u) \subseteq [\tilde{x}_j], \tag{2.10}$$

  avec $h = t_{j+1} - t_j > 0$, alors l'équation différentielle (2.3) possède une solution unique à tout instant $t \in [t_j, t_{j+1}]$ et pour toute condition initiale $x_j \in [x_j]$. De plus, il est facile de démontrer que le pavé $[\tilde{x}_j]$ est un encadrement extérieur de l'ensemble des trajectoires de l'état du système sur l'horizon temporel $[t_j, t_{j+1}]$. Cependant, choisir simplement $[x_j] + [0, h] f([x_j])$ comme expression pour calculer $[\tilde{x}_j]$ comme dans [84] ne permet généralement pas de satisfaire la condition (2.10) et une méthode itérative [91, 90] consistant à effectuer une inflation de $[\tilde{x}_j]$ jusqu'à ce qu'il vérifie l'inclusion (2.10) est utilisée pour garantir l'inclusion de toutes les trajectoires.

- **Contraction :** la seconde phase permet de calculer un pavé $[x_{j+1}] \subseteq [\tilde{x}_j]$ contenant la solution à l'instant t_{j+1} pour toute condition initiale $x_j \in [x_j]$. Ceci revient à contracter le pavé $[\tilde{x}_j]$.

  Cette étape est généralement réalisée à l'aide d'un développement de Taylor, ou de contracteurs à point fixe [51]. Le pavé $[x_{j+1}]$ calculé d'une manière garantie avec le développement de Taylor par intervalle est donné par :

  $$[x_{j+1}] = [x_j] + \sum_{i=1}^{k-1} h^i f^{[i]}([x_j]) + h^k f^{[k]}([\tilde{x}_j]), \tag{2.11}$$

où les $f^{[i]}$ représentent les coefficients de Taylor calculés à l'aide de l'expression récursive suivante :

$$\left\{ \begin{array}{rcl} f^{[1]} & = & f \\ f^{[i]} & = & \frac{1}{i}\frac{\partial f^{[i-1]}}{\partial x} f \end{array} \right. . \tag{2.12}$$

L'encadrement *a priori* $[\tilde{x}_j]$ est utilisé afin d'évaluer l'erreur de troncature du développement de Taylor à l'ordre $k-1$. Ce dernier terme étant proportionnel à $1/k!$, le pessimisme induit peut être contrôlé en choisissant k grand. Par ailleurs, on démontre (voir par exemple [29, 91, 89, 90]) que le pavé $[x_{j+1}]$ contient d'une manière garantie la solution de l'équation d'état à l'instant t_{j+1} pour tout état initial $x(t_j) \in [x(t_j)]$.

Le pessimisme introduit par le développement de Taylor (2.11) peut être évalué en calculant la taille w du pavé $[x_{j+1}]$. On obtient alors :

$$w\left([x_{j+1}]\right) = w\left([x_j]\right) + \sum_{i=1}^{k-1} h^i w\left(f^{[i]}([x_j])\right) + h^k w\left(f^{[k]}([\tilde{x}_j])\right). \tag{2.13}$$

Comme la taille d'un pavé est toujours positive, on a alors $w\left([x_{j+1}]\right) \geq w([x_j])$. Ainsi, le schéma numérique (2.11) est numériquement instable et diverge au bout de quelques pas. Pour réduire le phénomène de conservatisme qui en résulte (dû aux effets d'enveloppement et de dépendance), les coefficients de Taylor sont évalués à l'aide d'une fonction d'inclusion centrée. Par ailleurs, des techniques de pré-conditionnement basées par exemple sur une décomposition QR ou une forme parallépipédique [91] permettent de limiter l'effet d'enveloppement.

Remarque 12 *Dans [91], une méthode d'intégration numérique garantie d'équations différentielles incertaines basée sur les polynômes de Hermite-Obreschkoff est proposée. Il s'avère que les schémas d'intégration intervalle basés sur ce polynôme sont plus robustes que ceux utilisant un développement en série de Taylor et offrent de meilleures précisions. Des implémentations des techniques de Taylor et de Hermite-Obreschkoff sont disponibles dans le solveur VNODE-LP*[2].

Dans le paragraphe suivant, ces techniques numériques garanties de résolution d'équations différentielles incertaines sont associées aux méthodes de construction de systèmes englobants pour la caractérisation d'ensembles atteignables pour une classe générale de systèmes non linéaires.

2. http ://www.cas.mcmaster.ca/ nedialk/vnodelp/

2.2.3 Systèmes englobants et intégration numérique garantie : Méthodologie et algorithme de construction

Dans cette partie, nous présentons une méthode de calcul d'atteignabilité continue non linéaire basée sur des méthodes de Taylor par intervalles, et plus précisément sur la méthode Hermite-Obreschkoff intervalle telle qu'implémentée dans le logiciel open source VNODE-LP [87], ainsi que sur l'approche par systèmes englobants [100, 101].

L'idée principale consiste à étudier la monotonie d'une fonction algébrique et utiliser les bornes des variables pour calculer l'image d'un intervalle par cette fonction. En d'autres termes, si une fonction de plusieurs variables $g(.,.,\alpha,.,.)$ est croissante par rapport à α sur un domaine $[\alpha]$, alors $g(.,.,\underline{\alpha},.,.) \leq g(.,.,[\alpha],.,.) \leq g(.,.,\overline{\alpha},.,.)$, et idem en inversant les bornes si la fonction est décroissante. L'algorithme ci-dessous utilise cette règle pour construire les systèmes englobants.

- *Algorithme de construction des systèmes englobants* [100] :

A chaque point t_j de de la grille temporelle $t_0 < t_1 < ... < t_j < ... < t_N$.

1. Evaluer la matrice Jacobienne $J([x_j])$ de la fonction d'évolution du système dynamique, sur l'horizon temporel $[t_j,\, t_{j+1}]$;
2. **Si** les éléments non-diagonaux de la matrice intervalle $J([x_j])$ sont de signe constant,
3. **Alors**

   3.a Construire les systèmes englobants permettant de calculer les solutions minimale et maximale ;

   3.b Simuler les systèmes englobants avec VNODE-LP et calculer la solution a priori $[\tilde{x}_j]$, valable sur tout l'horizon temporel $[t_j,\, t_{j+1}]$, en utilisant les deux solutions a priori des systèmes englobants ;

   3.c Ré-évaluer la matrice Jacobienne $J([\tilde{x}_j])$ sur tout le domaine de la solution a priori, c'est-à-dire sur la boîte contenant la trajectoire $\{x(t),\, t \in [t_j,\, t_{j+1}]\} \subseteq [\tilde{x}_j]$;

   3.d **Si** un des signes des intervalles éléments non-diagonaux de $J([\tilde{x}_j])$ n'est pas consistant avec les signes évalués à la ligne 2,

   Alors effacer le résultat et passer à la ligne 4.a ; **FinSi**

4. **Sinon**

   4.a Intégrer le système différentiel intervalle original ;

5. **FinSi**

2.3 Atteignabilité à base de changement de variables variant dans le temps

Lorsque le système dynamique est monotone, le calcul du domaine atteignable se fait d'une manière efficace et avec une maîtrise du pessimisme. Dans cette section, nous allons présenter une technique basée sur un changement de coordonnées [112] et relaxant les propriétés de monotonie pour le calcul de l'ensemble atteignable de systèmes LPV à incertitudes bornées. La technique présentée dans le paragraphe 1.4 est étendue au cas des systèmes LPV. Dans la suite de ce chapitre, nous verrons comment exploiter ces résultats pour traiter le problème d'observation intervalle dédié au cas des systèmes LPV.

Avant de détailler cette technique, commençons par définir les représentations LPV et quasi-LPV (q-LPV).

2.3.1 Définitions usuelles

Définition 13 *[Systèmes linéaires à paramètres variants (LPV)]*

Une représentation d'état d'un système linéaire à paramètres variants est donnée par :

$$\begin{cases} \dot{x}(t) = A(\rho(t))\,x(t) + B(\rho(t))\,u(t) \\ y(t) = C(\rho(t))\,x(t) + D(\rho(t))\,u(t) \end{cases} \tag{2.14}$$

où $x \in \mathbb{R}^n$ est le vecteur d'état, $u \in \mathbb{R}^m$ est le vecteur d'entrée et $y \in \mathbb{R}^s$ est le vecteur de sortie. ρ représente le vecteur de paramètres d'ordonnancement du système (ne dépendant pas explicitement de l'état). Ce vecteur est constitué de variables exogènes au système (visant à capter les non-linéarités). □

Les systèmes LPV diffèrent des systèmes LTI (linéaires invariants dans le temps) du fait que les matrices A, B, C et D dépendent de divers paramètres décrivant une évolution temporelle implicite. Si l'on fixe ces paramètres, on retrouve une représentation LTI.

Définition 14 *[Systèmes quasi-LPV]*

Le système (2.14) est dit quasi-LPV si certaines variables du vecteur d'ordonnancement dépendent explicitement d'une partie du vecteur d'état. Le vecteur d'état peut alors se décomposer comme :

$$x(t) = [z_x(t)^T \, w_x(t)^T]^T \tag{2.15}$$

et

$$\rho(t) = [z_x(t)^T \, p(t)^T]^T \tag{2.16}$$

où $p(t)$ représente les paramètres d'ordonnancement indépendants de l'état $x(t)$. Le modèle quasi-LPV est alors donné comme suit :

$$\begin{cases} \dot{z}_x(t) = A_{11}(\rho(t))\, z_x(t) + A_{12}(\rho(t))\, w_x(t) + B_1(\rho(t))\, u(t) \\ \dot{w}_x(t) = A_{21}(\rho(t))\, z_x(t) + A_{22}(\rho(t))\, w_x(t) + B_2(\rho(t))\, u(t) \\ y(t) = C_1(\rho(t))\, z_x(t) + C_2(\rho(t))\, w_x(t) + D(\rho(t))\, u(t) \end{cases} \tag{2.17}$$

□

Nous rencontrons dans la littérature deux techniques principales de construction de modèles LPV et q-LPV. La première consiste à construire un ensemble de modèles Linaires à Temps Invariant (LTI) obtenus autour de points d'équilibre ou de points de fonctionnement. Ces modèles LTI sont ensuite interpolés à l'aide de fonctions d'interpolation afin de reproduire une approximation du système non linéaire. La seconde technique utilise des transformations permettant de suivre les non linéarités en choisissant convenablement des variables d'état mesurables en tant que vecteur d'ordonnancement (voir annexe A).

Dans cette section, nous allons nous intéresser à la construction de techniques d'atteignabilité pour des systèmes LPV en supposant que la transformation a déjà été effectuée.

2.3.2 Formulation du problème

Supposons [3] que le système (2.1) peut être transformé sous une forme LPV avec perturbations additives décrite par :

3. Nous reviendrons sur ce point dans le chapitre 4.

$$\begin{cases} \dot{x}(t) = A(\rho(t))x(t) + B(\rho(t))u(t) + E(t)d(t), \\ y(t) = C(t)x(t) + D(t)u(t) + F(t)w(t), \\ x(0) \in [\underline{x}(0), \overline{x}(0)], \\ \forall t,\ d(t) \in [-1, +1]^p,\ w(t) \in [-1, +1]^r, \\ \forall t,\ \rho(t) \in [-1, +1]^q, \end{cases} \tag{2.18}$$

où $x(t) \in \mathbb{R}^n$, $u(t) \in \mathbb{R}^m$, $y(t) \in \mathbb{R}^s$, $\rho(t) \in \mathbb{R}^q$, $d(t) \in \mathbb{R}^p$, et $w(t) \in \mathbb{R}^r$ représentent respectivement le vecteur d'état, le vecteur d'entrée, le vecteur de sortie, le vecteur d'ordonnancement, les perturbations additives et le bruit de mesure. Les perturbations, le vecteur d'ordonnancement ainsi que l'état initial sont supposés inconnus mais bornés avec des bornes connues ($d(t) \in [-1, +1]^p$, $\rho(t) \in [-1, +1]^q$, $x(0) \in [\underline{x}(0), \overline{x}(0)]$). $u(t)$ et $E(t)$ sont supposés connus et bornés. Une décomposition des deux matrices A et B est donnée comme suit :

$$\begin{aligned} A(\rho(t)) &= A_0 + \Sigma_{i=1}^{q} A_i\, \rho_i(t)\ \in \mathbb{R}^{n\times n}, \\ B(\rho(t)) &= B_0 + \Sigma_{i=1}^{q} B_i\, \rho_i(t)\ \in \mathbb{R}^{n\times m}. \end{aligned} \tag{2.19}$$

Les matrices A_i et B_i $(i = 1, \ldots, q)$ sont constantes et connues. $\rho_i(t)$, $(i = 1, \ldots, q)$, sont les éléments du vecteur des variables d'ordonnancement.

Dans la suite, on va s'intéresser à la caractérisation des états atteignables pour le système (2.18) en déterminant deux dynamiques associées au centre et au rayon d'un intervalle permettant de déduire des bornes supérieure ($\overline{x}(t)$) et inférieure ($\underline{x}(t)$) du vecteur d'état $x(t)$. La méthode de calcul proposée est basée sur la dynamique centrale du système (A_0) d'où la décomposition des matrices comme le montre l'expression (2.19).

2.3.3 Calcul d'atteignabilité

Dans ce paragraphe, une transformation du modèle LPV (2.18) en utilisant la décomposition (2.19) est tout d'abord donnée. Ensuite, en se basant sur la décomposition de Jordan de A_0, un changement de coordonnées variant dans le temps assurant le caractère Metzler de la matrice d'état dans la nouvelle base est utilisé pour calculer l'ensemble atteignable donné par le théorème 15 définissant les bornes supérieure et inférieure englobant toutes les trajectoires possibles de l'état. Enfin, une condition suffisante assurant la non divergence des bornes résultant des dynamiques du centre et du rayon est présentée.

Réécriture du modèle LPV et ensemble atteignable

En se basant sur les expressions de (2.18) et (2.19) et afin d'englober les incertitudes ($\rho_i(t)$ et $d(t)$) dans un domaine variant dans le temps, le système (2.18) est réécrit comme suit :

$$\dot{x}(t) = A_0 x(t) + \phi(t, x(t)), \tag{2.20}$$

avec

$$\phi(t, x(t)) = B_0 u(t) + E(t)d(t) + (\Sigma_{i=1}^{q} A_i x(t)\rho_i(t)) + (\Sigma_{i=1}^{q} B_i u(t)\rho_i(t)). \tag{2.21}$$

En utilisant la décomposition de Jordan [4] de la matrice A_0 telle qu'introduite au paragraphe 1.4.2 et rappelée par (2.22)-(2.23), un changement de coordonnées (2.24) variant dans le temps est utilisé pour relaxer l'hypothèse restrictive liée à la monotonie et pouvoir calculer l'ensemble atteignable de (2.18).

$$A_0 = V^{-1} J V \tag{2.22}$$

$$J = \text{diag}(\xi + i\omega) + \eta, \quad \xi \in \mathbb{R}^n, \ \omega \in \mathbb{R}^n, \ \eta \in \mathfrak{N}_n \tag{2.23}$$

où $V \in \mathbb{C}^{n \times n}$ est inversible, ξ (resp. ω) est le vecteur contenant les parties réelles (resp. imaginaires) des valeurs propres de A_0. Par conséquent, A_0 est Hurwitz stable si et seulement si $\xi < 0$. Tous les éléments non nuls du terme nilpotent η sont soit nuls, soit égaux à 1.

Soit :

$$z(t) = \Omega(t) V x(t), \quad \Omega(t) = \text{diag}(e^{-i\omega t}) \tag{2.24}$$

Ce changement de variables a été utilisé dans le premier chapitre pour la construction d'un observateur intervalle pour des systèmes LTI. Dans la suite, on l'applique à la dynamique centrale du système (2.18) décrite par A_0 pour traiter le problème d'atteignabilité de systèmes LPV.

Sous certaines hypothèses ($\mathcal{A}_1$-$\mathcal{A}_4$) et en se basant sur le changement de variables (2.24), la procédure d'atteignabilité est donnée par le théorème 15.

Théorème 15 *[112]*

4. L'hypothèse présentée dans [112] selon laquelle A_0 devrait être diagonalisable est ainsi levée. Dans ce manuscrit, nous traitons le cas général (forme de Jordan) et nous pouvons revenir à la diagonalisation de la matrice comme dans [112] en considérant $\eta = 0$.

Etant données les quatre hypothèses suivantes :

$\mathcal{A}_1$: $x(0) \in x^c(0) \pm x^r(0) \subset \mathbb{R}^n$, $z^c(0) = Vx^c(0)$, $z^r(0) = V \diamond x^r(0)$, $x^r(0) \geq 0$, $z^r(0) \geq 0$,

$\mathcal{A}_2$: $A_0 \in \mathbb{R}^{n\times n}$ *est stable au sens de Hurwitz*$(\xi < 0)$,

$\mathcal{A}_3$: $u(t)$, $E(t)$, $d(t) \in [-1,+1]^p$, $w(t) \in [-1,+1]^r$ *et* $\rho(t) \in [-1,1]^q$ *sont continues*

$\mathcal{A}_4$: $u(t)$ *et* $E(t)$ *sont connus et bornés,* $x^c(0)$ *et* $x^r(0)$ *sont connus.*

Sous validité des hypothèses $\mathcal{A}_1 - \mathcal{A}_4$, les dynamiques des bornes englobant toutes les trajectoires possibles de l'état du système décrit par (2.20)-(2.21) sont données dans la nouvelle base après changement de variables ($z(t)$) sous la forme centrée (2.25) :

$$\begin{cases} \dot{z}^c(t) = g^c(t, z^c(t)) = (\mathrm{diag}(\xi) + \eta)z^c(t) + \Omega(t)B_0u(t), \\ \\ \dot{z}^r(t) = g^r(t, z^c(t), z^r(t)) = (\mathrm{diag}(\xi) + \eta)z^r(t) + |\Omega(t)\tilde{E}(t, z^c(t), z^r(t))|\boldsymbol{1} + \varepsilon\boldsymbol{1}, \end{cases} \tag{2.25}$$

où $\varepsilon > 0$ est un scalaire choisi arbitrairement petit.

La propriété d'inclusion (2.26) est satisfaite dans la nouvelle base ($z(t)$) :

$$\forall t \in \mathbb{R}^+, z(t) \in (z^c(t) \pm z^r(t)) = [\underline{z}(t),\ \overline{z}(t)]. \tag{2.26}$$

L'ensemble atteignable de l'état pour le système (2.20) est exprimé dans la base d'origine ($x(t)$), sous une forme centrée, comme suit :

$$x^c(t) = \Omega^{-1}(t)z^c(t), \qquad x^r(t) = \Omega^{-1}(t) \diamond z^r(t), \tag{2.27}$$

où la propriété d'inclusion (2.28) est satisfaite :

$$\forall t \in \mathbb{R}^+, x(t) \in (x^c(t) \pm x^r(t)) = [\underline{x}(t),\ \overline{x}(t)]. \tag{2.28}$$

L'ensemble atteignable de la sortie est donné par (2.29), tout en satisfaisant la propriété d'inclusion (2.30).

$$\begin{cases} y^c(t) = C(t)\Omega^{-1}(t)z^c(t) + D(t)u(t), \\ y^r(t) = (C(t)\Omega^{-1}(t)) \diamond z^r(t) + |F(t)|\boldsymbol{1}, \end{cases} \tag{2.29}$$

$$\forall t \in \mathbb{R}^+, y(t) \in (y^c(t) \pm y^r(t)) = [\underline{y}(t),\ \overline{y}(t)]. \tag{2.30}$$

□

Les matrices $\Omega(t)$ et $\tilde{E}(t, z^c(t), z^r(t))$ sont définies comme suit :

$$\begin{cases} \Omega(t) = \mathrm{diag}(e^{-i\omega t})V, \ \Omega^{-1}(t) = V^{-1}\mathrm{diag}(e^{i\omega t}), \\ \tilde{E}(t, z^c(t), z^r(t)) = [E(t)|\ldots A_i x^c(t) + B_i u(t) \\ \qquad\qquad \ldots|\ldots A_i \Xi(t)\ldots], \\ \Xi(t) = \Omega^{-1}(t)\Delta(z^r(t)), \\ \text{avec } \ \Delta(z^r(t)) = [\mathrm{diag}(z^{r,R}(t)), i \cdot \mathrm{diag}(z^{r,I}(t))] \in \mathbb{C}^{n\times 2n}. \end{cases} \tag{2.31}$$

Rappelons que $[.,.]$ représente l'opérateur de concaténation horizontale, $e^{(\cdot)}$ est la fonction exponentielle élément par élément, $|\ldots|$ désigne l'opérateur *cabs*, ***1*** est un vecteur colonne dont les éléments sont égaux à 1, diag$(\ldots)$ a comme sortie une matrice carrée diagonale dont les éléments sont ceux du vecteur d'entrée dans le même ordre, les notations c, r désignent respectivement le centre et le rayon de l'intervalle correspondant et $z^{r,R}(t)$ (resp. $z^{r,I}(t)$) désigne la partie réelle de $z^r(t)$ (resp. la partie imaginaire de $z^r(t)$).

En se basant sur le changement de coordonnées (2.24), le théorème 15 donne les ensembles atteignables de l'état et de la sortie comme indiqué respectivement par les équations (2.27) et (2.29).

Preuve du théorème 15

Pour prouver le théorème 15, une transformation de la dynamique (2.20) dans la nouvelle base $(z(t))$ sous la forme $\dot{z}(t) = f_1(t, z(t)) = (\mathrm{diag}(\xi) + \eta)z(t) + \psi(t)$, avec $\psi(t) = \Omega(t)\phi(t)$, est tout d'abord détaillée. Ensuite, en se basant sur les expressions des deux dynamiques ($\dot{z}^c$ et $\dot{z}^r$), nous montrons la positivité des erreurs d'observation associées respectivement aux bornes supérieures et inférieures : $\overline{e}(t) = z^c(t) + z^r(t) - z(t)$, $\underline{e}(t) = z(t) - z^c(t) + z^r(t)$. Cette positivité assure la propriété d'inclusion $(z(t) \in z^c(t) \pm z^r(t), \forall t > 0)$.

Tout d'abord, nous introduisons deux lemmes qui seront utilisés dans la preuve. Le premier sert à montrer la continuité de $z(t), z^c(t)$ et $z^r(t)$, et le second établit des inégalités afin de minorer les dynamiques d'erreurs associées aux bornes par un terme positif. De plus, une proposition présentée dans [24] sera donnée et utilisée pour compléter la preuve.

Lemme 2 *Considérons l'équation différentielle $\mathcal{D}_{f_1}$ et les deux équations données par (2.25). f_1, g^c et g^r sont continues par rapport au temps t et respectivement lipschitziennes par rapport à $z(t)$, $z^c(t)$ et $z^r(t)$.*

$$\mathcal{D}_{f_1} : \dot{z}(t) = f_1(t, z(t)) =$$
$$(\text{diag}(\xi) + \eta)z(t) + \Omega(t)(B_0 u(t) + E(t)d(t) + (\Sigma_{i=1}^q A_i \Omega^{-1}(t)z(t)\rho_i(t)) + (\Sigma_{i=1}^q B_i u(t)\rho_i(t)))$$

En appliquant le théorème de Cauchy-Lipschitz, les solutions de $\mathcal{D}_{f_1}$ et (2.25) sont alors uniques et continues par rapport au temps t pour des conditions initiales données.

□

Preuve. *[Lemme 2]*

L'expression $g^r(t, z^c(t), z^r(t)) = (\text{diag}(\xi) + \eta)z^r(t) + (|\Omega(t)\tilde{E}(t, z^c(t), z^r(t))| + \varepsilon)\mathbf{1}$ peut être décomposée comme suit :

$$g^r(t, z^c(t), z^r(t)) = (\text{diag}(\xi) + \eta)z^r(t) + |\Omega(t)[E(t)| \ldots (A_i x^c(t) + B_i u(t)) \ldots]|\mathbf{1}$$
$$+ \textstyle\sum_{i=1}^q |\Omega(t)A_i\Omega^{-1}(t)\text{diag}(z^{r,R}(t))|\mathbf{1} + \sum_{i=1}^q |\Omega(t)A_i\Omega^{-1}(t)i \cdot \text{diag}(z^{r,I}(t))|\mathbf{1} + \varepsilon\mathbf{1}.$$

Le terme $(\text{diag}(\xi) + \eta)z^r(t)$ est linéaire par rapport à $z^r(t)$, il est donc Lipschitz par rapport à $z^r(t)$. En outre, les matrices $\Omega(t)$ et $\Omega^{-1}(t)$ sont bornées et l'opérateur *cabs* préserve le caractère Lipschitz : $\forall(a_1, a_2) \in \mathbb{R}^2, ||a_2| - |a_1|| \leq |a_2 - a_1|$. Ceci justifie le caractère Lipschitz de g^r par rapport à z^r. De même, nous prouvons que f_1 et g^c sont lipschitziennes respectivement par rapport à z et z^c. En se basant sur la propriété de continuité de chacune des fonctions f_1, g^r et g^c et leurs propriété de Lipschitz, les solutions $z(t)$, $z^c(t)$ et $z^r(t)$ de $\mathcal{D}_{f_1}$ et (2.25) sont uniques et continues par rapport au temps t, en tenant compte des conditions initiales données par $\mathcal{A}_1$ et en appliquant le théorème de Cauchy-Lipschitz. □

Lemme 3 *Soit $Z \in \mathbb{C}^{n\times r}$, $s(t) \in [-1, 1]^r$ $\forall t > 0$, alors $-|Z|\mathbf{1} \leq Zs \leq |Z|\mathbf{1}$.* □

Preuve. on a $s(t) \in [-1, 1]^r$, donc on peut écrire que $-\mathbf{1} \leq s \leq \mathbf{1}$ où $\mathbf{1}$ est un vecteur colonne de dimension r dont tous les éléments sont égaux à 1. Or $-|Z| \leq Z \leq |Z|$ où $|.|$ est l'opérateur *cabs*. Alors on a $min(-|Z|\mathbf{1}, |Z|\mathbf{1}) \leq Zs \leq max(|Z|\mathbf{1}, -|Z|\mathbf{1})$, ce qui donne $-|Z|\mathbf{1} \leq Zs \leq |Z|\mathbf{1}$.
□

Proposition 16 *[24] Soient $z : \mathbb{R}^+ \to \mathbb{C}^n$, $z^c : \mathbb{R}^+ \to \mathbb{C}^n$ et $z^r : \mathbb{R}^+ \to (\mathbb{C}^+)^n$ trois fonctions continues (par rapport au temps t). Si $\forall t \in \mathbb{R}^+$, $z(t) \in z^c(t) \pm z^r(t)$ avec $z^r(t) > 0$, alors il existe une fonction continue et bornée $\sigma : \mathbb{R}^+ \to [-1, +1]^{2n}$ satisfaisant (2.32) où l'opérateur $\Delta(\ldots)$ est défini par (2.33) :*

$$\forall t \in \mathbb{R}^+,\ z(t) = z^c(t) + \Delta(z^r(t))\sigma(t) \tag{2.32}$$

$$\forall v \in \mathbb{C}^n,\ \Delta(v) = [\text{diag}(v^R),\ i.\text{diag}(v^I)] \in \mathbb{C}^{n\times 2n} \tag{2.33}$$

□

- *Les dynamiques du système dans la nouvelle base :*

En utilisant le changement de coordonnées $z(t) = \Omega(t)x(t)$ et en se basant sur le théorème 8 présenté dans le premier chapitre (page 22), l'équation d'état décrite par (2.20) est similaire à $\mathcal{D}_{f_1}$ dans le lemme 2 :

$$\dot{z}(t) = f_1(t, z(t)) = (\text{diag}(\xi) + \eta)z(t) + \Omega(t)\phi(t, z(t)), \tag{2.34}$$

avec $\phi(t, z(t)) = B_0 u(t) + E(t)d(t) + (\Sigma_{i=1}^{q} A_i \Omega^{-1}(t)z(t)\rho_i(t)) + (\Sigma_{i=1}^{q} B_i u(t)\rho_i(t))$.

- *Les dynamiques de l'erreur d'observation :*

Le but ici est de montrer que les termes d'erreurs $\overline{e}(t)$ et $\underline{e}(t)$ sont positifs $\forall t > 0$, pour prouver la propriété d'inclusion (2.26). La méthodologie présentée est similaire à celle utilisée dans [75]. Considérons la dynamique de l'erreur d'observation de la borne supérieure :

$$\dot{\overline{e}}(t) = \dot{z}^c(t) + \dot{z}^r(t) - \dot{z}(t). \tag{2.35}$$

En utilisant (2.25) et (2.34), la dynamique (2.35) peut être réécrite comme suit :

$$\begin{aligned} \dot{\overline{e}}(t) = (\text{diag}(\xi) + \eta)\overline{e}(t) + |\Omega(t)E(t)|\mathbf{1} + \textstyle\sum_{i=1}^{q}(|\Omega(t)A_i\Omega^{-1}(t)z^c(t) + \Omega(t)B_i u(t)|\mathbf{1} \\ + |\Omega(t)A_i\Omega^{-1}(t)\Delta(z^r(t))|\mathbf{1}) - \textstyle\sum_{i=1}^{q}(\Omega(t)A_i\Omega^{-1}(t)z(t) + \Omega(t)B_i u(t))\rho_i(t) \\ -\Omega(t)E(t)d(t) + \varepsilon\mathbf{1}. \end{aligned} \tag{2.36}$$

D'après le lemme 2, les fonctions z, z^c et z^r sont continues. Par ailleurs, l'état initial vérifie $z(0) \in z^c(0) \pm z^r(0)$. Supposons maintenant qu'il existe un instant t_0 tel que $\forall t \in [0, t_0[$, $z(t) \in z^c(t) \pm z^r(t)$, avec $z^r(t) > 0$. En appliquant la proposition 16 (proposition 4 dans [24]) pour $t \in [0, t_0[$, il existe une fonction continue $\sigma : [0, t_0[\to [-1, 1]^{2n}$ telle que :

$$z(t) = z^c(t) + \Delta(z^r(t))\sigma(t). \tag{2.37}$$

Remplaçons $z(t)$ par son expression (2.37) dans (2.36), la dynamique de l'erreur d'observation peut être réécrite comme suit :

$$\begin{aligned} \dot{\overline{e}}(t) = (\text{diag}(\xi) + \eta)\overline{e}(t) + \textstyle\sum_{i=1}^{q}(|\Omega(t)A_i\Omega^{-1}(t)z^c(t) + \Omega(t)B_i u(t)|\mathbf{1} + |\Omega(t)A_i\Omega^{-1}(t) \\ \Delta(z^r(t))|\mathbf{1}) - \textstyle\sum_{i=1}^{q}(\Omega(t)A_i\Omega^{-1}(t)z^c(t) + \Omega(t)B_i u(t))\rho_i(t) - \textstyle\sum_{i=1}^{q}(\Omega(t)A_i\Omega^{-1}(t) \\ \Delta(z^r(t))\sigma(t)\rho_i(t)) + |\Omega(t)E(t)|\mathbf{1} - \Omega(t)E(t)d(t) + \varepsilon\mathbf{1}. \end{aligned} \tag{2.38}$$

En utilisant l'hypothèse $\mathcal{A}_3$ où $\rho_i(t) \in [-1, 1]$, $d(t) \in [-1, 1]^p$ et $\sigma(t)\rho_i(t) \in [-1, 1]^{2n}$ et en se basant sur le lemme 3, les inégalités suivantes sont obtenues :

$$
\begin{aligned}
&-\textstyle\sum_{i=1}^{q} |\Omega(t)A_i\Omega^{-1}(t)z^c(t) + \Omega(t)B_iu(t)|\mathbf{1} \\
&\leq \textstyle\sum_{i=1}^{q}(\Omega(t)A_i\Omega^{-1}(t)z^c(t) + \Omega(t)B_iu(t))\rho_i(t) \\
&\leq \textstyle\sum_{i=1}^{q} |\Omega(t)A_i\Omega^{-1}(t)z^c(t) + \Omega(t)B_iu(t)|\mathbf{1},
\end{aligned} \tag{2.39}
$$

$$
\begin{aligned}
&-\textstyle\sum_{i=1}^{q} |\Omega(t)A_i\Omega^{-1}(t)\Delta(z^r(t))|\mathbf{1} \\
&\leq \textstyle\sum_{i=1}^{q}(\Omega(t)A_i\Omega^{-1}(t)\Delta(z^r(t))\sigma(t)\rho_i(t)) \\
&\leq \textstyle\sum_{i=1}^{q} |\Omega(t)A_i\Omega^{-1}(t)\Delta(z^r(t))|\mathbf{1},
\end{aligned} \tag{2.40}
$$

$$
-|\Omega(t)E(t)|\mathbf{1} \leq \Omega(t)E(t)d(t) \leq |\Omega(t)E(t)|\mathbf{1}. \tag{2.41}
$$

En se basant sur l'expression de la dynamique de l'erreur (2.38), en utilisant les inégalités (2.39)-(2.41) qui sont satisfaites $\forall t \in [0, t_0[$, et comme $(\text{diag}(\xi) + \eta)$ est Metzler (i.e. tous les éléments non diagonaux sont non négatifs), la positivité de la dynamique de l'erreur est alors établie jusqu'à l'instant t_0 : $\forall t \in [0, t_0[, \overline{e}(t) > 0$.

Supposons qu'à l'instant t_0 au moins un élément scalaire $\overline{e}_k$ du vecteur d'erreur $\overline{e}$ est nul. Sa dynamique est décrite par :

$$
\begin{aligned}
&\dot{\overline{e}}_k(t_0) = (\text{diag}(\xi) + \eta)\overline{e}_k(t_0) + [\textstyle\sum_{i=1}^{q}(|\Omega(t)A_i\Omega^{-1}(t)z^c(t) + \Omega(t)B_iu(t)|\mathbf{1} \\
&+|\Omega(t)A_i\Omega^{-1}(t)\Delta(z^r(t))|\mathbf{1})]_k - [\textstyle\sum_{i=1}^{q}(\Omega(t)A_i\Omega^{-1}(t)z^c(t) + \Omega(t)B_iu(t))\rho_i(t)]_k \\
&-[\textstyle\sum_{i=1}^{q}(\Omega(t)A_i\Omega^{-1}(t)\Delta(z^r(t))\sigma(t)\rho_i(t))]_k + |\Omega(t)E(t)|_k\mathbf{1} - [\Omega(t)E(t)d(t)]_k + \varepsilon_k\mathbf{1}.
\end{aligned} \tag{2.42}
$$

En utilisant les relations (2.39), (2.40), (2.41) et $\overline{e}_k(t_0) = 0$ ainsi que la positivité stricte de ε_k, on obtient $\dot{\overline{e}}_k(t_0) > 0$.

Par conséquent, pour des raisons de continuité, $\exists t_1 > t_0$, $\overline{e}(t) > 0, \forall t \in [0, t_1]$. Le même raisonnement peut être appliqué à $\underline{e}(t)$. Nous prouvons ainsi que les termes d'erreurs $\overline{e}$ et $\underline{e}$ resteront toujours positifs autour de chaque instant où ils pourraient éventuellement s'annuler. Nous avons alors, $\forall t > 0$, $\overline{e}(t) > 0$ et $\underline{e}(t) > 0$ et nous pouvons déduire que la dynamique dans (2.25) vérifie la propriété d'inclusion (2.26) et inclut toutes les trajectoires du système défini par (2.34).

En se basant sur le changement de coordonnées (2.24), on aura $x(t) = \Omega^{-1}(t)z(t)$. Étant donné que $z(t) \in (z^c(t) \pm z^r(t))$, on peut écrire $x(t) \in \Omega^{-1}(t)(z^c(t) \pm z^r(t))$. En utilisant le théorème 9 donné dans le premier chapitre (page 24), on obtient $x(t) \in (\Omega^{-1}(t)z^c(t) \pm \Omega^{-1}(t) \diamond z^r(t))$. D'où, $x^c(t) = \Omega^{-1}(t)z^c(t)$ et $x^r(t) = \Omega^{-1}(t) \diamond z^r(t)$. Ce qui justifie les expressions des bornes englobant toutes les trajectoires possibles de l'état dans la base d'origine et sous la forme centrée (2.27).

En se basant sur les équations données par (2.25), l'ensemble atteignable de la sortie (2.29) peut être obtenu. En effet, (2.29) résulte de l'équation de sortie du système (2.18), $x(t) = \Omega^{-1}(t)z(t)$, $z(t) \in z^c(t) \pm z^r(t)$ et $w(t) \in \mathbf{0} \pm \mathbf{1}$. Les équations de (2.29) peuvent alors être déduites de $y(t) \in C(t)\Omega^{-1}(t)(z^c(t) \pm z^r(t)) + D(t)u(t) + F(t)(\mathbf{0} \pm \mathbf{1})$ et le théorème 9. Ainsi, le théorème 15 est prouvé. □

Stabilité des bornes

Une condition suffisante assurant la non divergence des bornes, données précédemment sous la forme centrée dans la nouvelle base $(z^c(t), z^r(t))$ et englobant toutes les trajectoires possibles de l'état, est donnée par le théorème 17.

Théorème 17 *Etant donnée la formulation du problème énoncée au paragraphe 2.3.2 et les équations données par (2.25), on définit une matrice S telle que $S = \sum_{i=1}^{q} \|VA_iV^{-1}\|$ $\in (\mathbb{R}^+)^{n\times n}$ où $\|\ldots\|$ désigne l'opérateur module appliqué élément par élément à une matrice complexe. Si $\xi < 0$ (c-à-d A_0 est Hurwitz stable) et si la matrice Metzler $[(\mathrm{diag}(\xi)+\eta+S),\ S;\ S,\ (\mathrm{diag}(\xi)+\eta+S)]$ est Hurwitz stable, alors la borne supérieure (resp. inférieure), c'est à dire $\overline{z}(t) = z^c(t)+z^r(t)$ (resp. $\underline{z}(t) = z^c(t) - z^r(t)$) restent bornées supérieurement (resp. inférieurement) par une constante lorsque $t \to \infty$.*

Remarque 18 *En l'absence d'incertitudes multiplicatives dans la matrice d'état $A(\rho(t))$ (c-à-d $A_i = 0$, $\forall\ i = 1,\ldots,q$), on obtient $S = 0$ et la condition donnée par le théorème 17 se réduit à $\xi < 0$. La stabilité des bornes englobant toutes les trajectoires possibles de l'état se déduit directement de la stabilité de A_0, ce qui correspond au cas du paragraphe 1.4.5 du premier chapitre (stabilité du prédicteur intervalle pour les systèmes LTI).*

La preuve du théorème 17 est similaire à celle du théorème 8 dans [24], en utilisant $\mathrm{diag}(\xi) + \eta$ (décomposition de Jordan) au lieu de $\mathrm{diag}(\xi)$ (diagonalization). Il faut noter que la stabilité des bornes supérieure et inférieure de l'état du système $(\overline{x}(t), \underline{x}(t))$ et des sorties $(\overline{y}(t), \underline{y}(t))$, est liée à celle de $z^c(t)$ et $z^r(t)$.

Pour conclure, les bornes supérieure et inférieure $(\overline{x}(t), \underline{x}(t))$ définissant l'ensemble atteignable de l'état, ainsi que les bornes supérieure et inférieure $(\overline{y}(t), \underline{y}(t))$ définissant l'ensemble atteignable de la sortie du système, données dans le théorème 15, sont stables si la condition suffisante présentée par le théorème 17 est vérifiée.

Dans la section 2.3, nous avons présenté une nouvelle approche basée sur un changement de coordonnées variant dans le temps pour le calcul de l'ensemble atteignable dédié à une classe de systèmes LPV. Cette approche peut être exploitée pour traiter le cas non linéaire après transformation sous forme LPV. Une comparaison va être établie dans la suite avec des techniques à base de systèmes englobants et intégration numérique garantie pour montrer l'efficacité de la méthode proposée.

2.4 Exemple numérique

Dans la section 2.2, une approche basée sur les méthodes de Taylor par intervalles et une autre obtenue en lui associant les méthodes de construction de systèmes englobants ont été présentées. Cette dernière technique est développée pour une classe générale de systèmes non linéaires. Dans la section 2.3, nous avons développé une méthode à base de changement de variables pour le calcul de l'ensemble atteignable dédiée aux systèmes linéaires à paramètres variants et qui peut être appliquée aux systèmes non linéaires après transformation sous une forme LPV. Dans cette section, nous allons appliquer les méthodes que nous avons présentées à un modèle du système repressilator (réseau oscillatoire de régulateurs de transcription à N gènes) modifié [40, 35], décrit par le système d'équations différentielles non linéaires suivant :

$$\begin{cases} \dot{m}_i = -m_i + bp_i + \frac{\alpha(t)}{1+p_{i-1}^n} + \alpha_i^0(t) \\ \dot{p}_i = -\nu(t)m_i - \mu(t)p_i \end{cases} \tag{2.43}$$

avec $i = 1, 2, ..., N$, $n = 2$ et $p_0 = p_N$. On suppose que les paramètres variables $\alpha(t)$, $\nu(t)$, $\mu(t)$ et $\alpha_i(t)$, ainsi que les conditions initiales sont bornées par des bornes connues :

$$\underline{\alpha} \leq \alpha(t) \leq \overline{\alpha},\ \underline{\nu} \leq \nu(t) \leq \overline{\nu},\ \underline{\mu} \leq \mu(t) \leq \overline{\mu},\ \underline{\alpha}_i^0 \leq \alpha_i^0(t) \leq \overline{\alpha}_i^0. \tag{2.44}$$

Les bornes sont regroupées dans la table 2.1. Les résultats de simulation entre $t = 0$ et $t = 10$ min, avec $b = -0.5$ et $N = 12$, seront présentés dans la suite.

bornes	α	ν	μ	α_i^0	$m_1(t_0)$	$m_2(t_0)$	$m_3(t_0)$	$p_1(t_0)$	$p_2(t_0)$	$p_3(t_0)$
inf.	0.5	1.9	1.9	25	35	30	40	27	25	32
sup.	1.5	2.1	2.1	35	45	40	50	37	35	42

TABLE 2.1 – Bornes des variables incertaines

2.4.1 Approche à base de systèmes englobants et d'intégration numérique garantie

La figure 2.1 illustre les résultats de simulation avec $b = -0.5$ et $N = 12$ gènes.

Dans ce cas, le système est non monotone et VNODE-LP est plus efficace que les systèmes englobants car il réalise une gestion efficace du phénomène d'enveloppement par l'utilisation d'une forme centrée et de deux changements de coordonnées [87]. Inversement, il faut noter que les systèmes englobants sont généralement plus efficaces que VNODE-LP lorsque le système montre des propriétés de monotonie.

2.4.2 Changement de base variant dans le temps

Pour $b = -0.5$, le système (2.43) n'est pas monotone. Nous allons alors chercher à effectuer un changement de coordonnées permettant à ce système d'être monotone dans la nouvelle base. Pour utiliser le changement de coordonnées (2.24), le système (2.43) est réécrit comme suit :

$$\dot{x}_i = A_0 x_i + \phi\left(x_i, x_{i-1}, \alpha(t), \alpha_i^0(t), \delta\nu(t), \delta\mu(t)\right), \tag{2.45}$$

avec $i = 1, 2, ..., N$, $x_i = (m_i, p_i)^T, \delta\nu = \delta\mu \in [-0.1, 0.1]$, $\phi\left(x_i, x_{i-1}, \alpha(t), \alpha_i^0(t), \delta\nu(t), \delta\mu(t)\right) = (A_1.\delta\nu(t) + A_2.\delta\mu(t))x_i + (\frac{\alpha(t)}{1+p_{i-1}^n} + \alpha_i^0(t),\ 0)^T$ et

$$A_0 = \begin{pmatrix} -1 & b \\ 2 & -2 \end{pmatrix}, A_1 = \begin{pmatrix} 0 & 0 \\ 1 & 0 \end{pmatrix}, A_2 = \begin{pmatrix} 0 & 0 \\ 0 & 1 \end{pmatrix}.$$

La matrice A_0 est diagonalisable et possède deux valeurs propores complexes ($-1.5 + 0.866i$ et $-1.5 - 0.866i$). Elle peut être exprimée comme suit :

$$A_0 = V^{-1}\text{diag}(\xi + i\omega)V$$

Avec $V = \begin{pmatrix} 1.2910i & 0.559 + 0.3227i \\ 1.2910i & 0.559 - 0.3227i \end{pmatrix}$, $\xi = (\xi_1,\ \xi_2)^T = (-1.5,\ -1.5)^T$ et $\omega = (\omega_1,\ \omega_2)^T = (0.866,\ -0.866)$.

Le changement de coordonnées est donné par $\Omega(t) = \text{diag}(e^{-i\omega t})V$. Les résultats de simulation sont illustrés dans la figure 2.1.

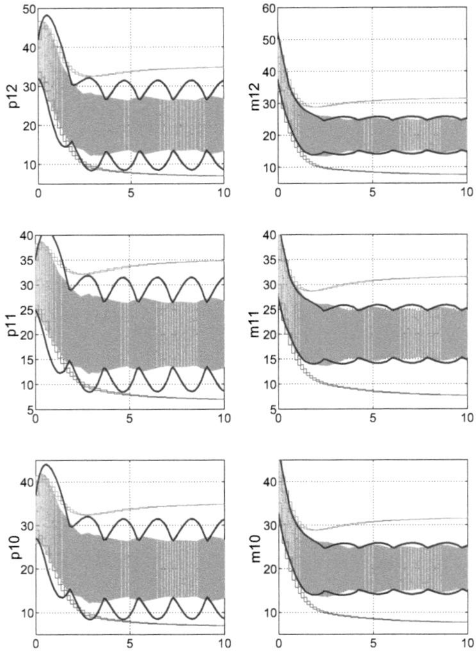

FIGURE 2.1 – Résultats de simulation : a) VNODE-LP : cyan. b) Systèmes englobants + VNODE-LP : (Borne supérieure : vert, borne inférieure : rouge). c) Atteignabilité en utilisant le changement de coordonnées : bleu.

2.4.3 Analyse

Étant donné que $b < 0$, le système (2.43) n'est pas monotone. La technique proposée, basée sur le changement de coordonnées variant dans le temps donne des bornes convergeant vers un domaine plus petit que ceux obtenus à l'aide de l'approche à base des systèmes englobants (voir Figure 2.1). Ceci peut être expliqué par le fait que la dynamique du système n'est pas modifiée après un changement de coordonnées et que la sur-approximation introduite par les termes non linéaires a été contrôlée. En outre, les conditions du théorème 17 sont satisfaites. Ainsi, les dynamiques du centre et du rayon données par l'équation (2.25) sont stables. La stabilité de ces dynamiques est illustrée par la figure 2.1. Il faut également noter que la propriété d'inclusion des trajectoires du système dans l'ensemble atteignable est satisfaite par l'approche proposée ainsi que par les autres techniques.

La méthode proposée donne des résultats similaires à ceux obtenus par intégration numérique garantie. Ainsi, les techniques de changement de base sont adaptées au cas des systèmes non monotones et oscillants. Elles présentent également l'avantage d'une faible complexité algorithmique ce qui leur permet d'être de bonnes candidates pour une implantation en ligne.

Cette technique d'atteignabilité à base de changement de coordonnées peut être exploitée pour la construction d'observateurs intervalles pour des systèmes LPV incertains.

2.5 Observateurs intervalles

Il est souvent possible de décrire avec une assez bonne précision des dynamiques non linéaires par des modèles Linéaires à Paramètres Variants (LPV). L'avantage de cette description est de pouvoir utiliser les techniques linéaires pour la synthèse alors qu'il est difficile d'aborder directement les systèmes non linéaires non monotones tout en préservant un temps de calcul raisonnable.

Les modèles LPV appartiennent à une classe générale de systèmes linéaires variant dans le temps. Comme nous l'avons mentionné dans le paragraphe 2.3.1, ils peuvent être définis comme étant des systèmes linéaires dont les matrices des équations d'état dépendent d'un vecteur de paramètres variant dans le temps, appelé vecteur d'ordonnancement. Souvent, le vecteur d'ordonnancement est supposé mesurable ou fonction d'un ensemble de grandeurs directement mesurables. Lorsque ce dernier dépend d'une partie du vecteur d'état, le système est dit quasi Linéaire à Paramètres Variants (q-LPV).

Il existe dans la littérature différents travaux consacrés à la synthèse d'observateurs classiques (ponctuels) pour les systèmes LPV [11, 10]. Lorsque le vecteur d'ordonnancement n'est pas disponible à la mesure, les techniques classiques deviennent inadaptées, d'où l'intérêt des observateurs intervalles. Néanmoins, peu de travaux ont abordé ce champ d'investigation.

Dans cette section, des observateurs intervalles pour des systèmes q-LPV/LPV seront présentés. Tout d'abord, nous allons rappeler quelques résultats des travaux obtenus dans [98] où une représentation q-LPV a été utilisée pour la construction d'un observateur pour les systèmes non linéaires. Cet observateur est composé de deux observateurs inférieur et supérieur basés sur une structure de Luenberger. Nous allons voir que deux hypothèses fortes sont nécessaires pour la construction de cet observateur. Afin de relaxer la limitation de cette approche, nous avons développé une nouvelle méthode faisant l'objet de [115] et présentée dans le paragraphe 2.5.2. Cette technique se base sur un changement de coordonnées variant dans le temps pour assurer la propriété de monotonie du système étudié dans la nouvelle base. Elle est développée tout en exploitant les résultats de la section 2.3 obtenus lors du calcul de l'ensemble atteignable pour des systèmes LPV.

2.5.1 Observateurs intervalles pour des systèmes LPV ou q-LPV : première approche

Dans [117, 98], un observateur intervalle a été proposé en utilisant une linéarisation q-LPV intervalle. Étant donné que la trajectoire du système original (non linéaire) est encadrée par l'ensemble des trajectoires linéaires du modèle q-LPV, l'idée consiste à utiliser l'approximation intervalle :

$$\begin{cases} \dot{x}(t) = A(\rho(t))x(t) + B(\rho(t))u(t) \\ y(t) = C(\rho(t))x(t) + D(\rho(t))u(t) \end{cases}. \tag{2.46}$$

où le vecteur d'ordonnancement ρ évolue dans un domaine compact de support connu qui peut être sur-approximé par un pavé $[\rho]$. Dans la suite de ce paragraphe, on notera par $\underline{M}$ et $\overline{M}$ les bornes inférieure et supérieure d'une matrice M, où M peut être l'une des matrices A, B, C ou D.

Structure de l'observateur intervalle

L'observateur intervalle proposé dans [117, 98] est composé de deux observateurs inférieur et supérieur basés sur une structure de Luenberger. Ils sont décrits par :

$$\begin{cases} \dot{\underline{x}}(t) = \underline{A}\underline{x}(t) + \underline{B}u(t) + \underline{L}(y(t) - \underline{y}(t)) \\ \underline{y}(t) = \underline{C}\underline{x}(t) + \underline{D}u(t) \end{cases}, \tag{2.47}$$

$$\begin{cases} \dot{\overline{x}}(t) = \overline{A}\overline{x}(t) + \overline{B}u(t) + \overline{L}(y(t) - \overline{y}(t)) \\ \overline{y}(t) = \overline{C}\overline{x}(t) + \overline{D}u(t) \end{cases}. \tag{2.48}$$

Les gains $\underline{L}$ et $\overline{L}$ ne sont pas forcément identiques et sont choisis en fonction des bornes des matrices A, B, C et D. En supposant que le bruit de mesure soit borné par ϵ, le domaine admissible de la sortie est :

$$[y(t)] = [y_m(t) - \epsilon, y_m(t) + \epsilon], \tag{2.49}$$

où $y_m(t)$ est le vecteur de mesure à l'instant t. En utilisant l'expression (2.49) pour tenir compte des incertitudes sur les mesures, l'observateur intervalle (2.47)-(2.48) peut se réécrire sous la forme :

$$\begin{cases} \dot{\underline{x}}(t) = (\underline{A} - \underline{LC})\,\underline{x}(t) + (\underline{B} - \underline{LD})\,u(t) + \underline{L}(y_m(t) - \epsilon) \\ \underline{y}(t) = \underline{C}\underline{x}(t) + \underline{D}u(t) \end{cases}, \tag{2.50}$$

$$\begin{cases} \dot{\overline{x}}(t) = \left(\overline{A} - \overline{LC}\right)\overline{x}(t) + \left(\overline{B} - \overline{LD}\right)u(t) + \overline{L}(y_m(t) + \epsilon) \\ \overline{y}(t) = \overline{C}\overline{x}(t) + \overline{D}u(t) \end{cases}, \tag{2.51}$$

L'observateur intervalle (2.50)-(2.51) fournit des bornes inférieure et supérieure du vecteur d'état x du système (2.46) si l'inégalité : $\underline{x}(t) \leq x(t) \leq \overline{x}(t), \forall t \geq t_0$ est toujours vraie.

En étudiant l'erreur d'observation inférieure $\underline{e} = x - \underline{x}$, on démontre dans [117, 98] que :

$$\dot{\underline{e}}(t) = \left(\underline{A} - \underline{LC}\right)\underline{e}(t) + \underline{\lambda}(t), \tag{2.52}$$

avec

$$\begin{cases} \underline{\lambda}(t) = \left(\Delta_{\underline{A}} - \underline{L}\Delta_{\underline{C}}\right)x(t) + \left(\Delta_{\underline{B}} - \underline{L}\Delta_{\underline{D}}\right)u(t) - \underline{L}\epsilon \\ A(\rho(t)) = \underline{A} + \Delta_{\underline{A}} \\ B(\rho(t)) = \underline{B} + \Delta_{\underline{B}} \\ C(\rho(t)) = \underline{C} + \Delta_{\underline{C}} \\ D(\rho(t)) = \underline{D} + \Delta_{\underline{D}} \end{cases}.$$

De même, l'erreur d'observation supérieure est décrite par :

$$\dot{\overline{e}}(t) = \left(\overline{A} - \overline{LC}\right)\overline{e}(t) + \overline{\lambda}(t), \tag{2.53}$$

avec

$$\begin{cases} \overline{\lambda}(t) = \left(\Delta_{\overline{A}} - \overline{L}\Delta_{\overline{C}}\right)x(t) + \left(\Delta_{\overline{B}} - \overline{L}\Delta_{\overline{D}}\right)u(t) + \overline{L}\epsilon \\ A(\rho(t)) = \overline{A} - \Delta_{\overline{A}} \\ B(\rho(t)) = \overline{B} - \Delta_{\overline{B}} \\ C(\rho(t)) = \overline{C} - \Delta_{\overline{C}} \\ D(\rho(t)) = \overline{D} - \Delta_{\overline{D}} \end{cases}.$$

D'après le théorème 2 présenté dans le premier chapitre (page 15), si on arrive à calculer des gains d'observation $\underline{L}$ et $\overline{L}$ tels que :

- les matrices $(\underline{A} - \underline{LC})$ et $\left(\overline{A} - \overline{LC}\right)$ soient Metzler ;
- les signaux $\underline{\lambda}$ et $\overline{\lambda}$ soient positifs.

Alors les erreurs d'observation $\underline{e}$ et $\overline{e}$ restent non négatives $\forall t \geq t_0$.

Convergence

La stabilité asymptotique de l'observateur intervalle est assurée si les trajectoires inférieure et supérieure de (2.50) et (2.51) convergent vers un domaine de largeur finie contenant l'ensemble des trajectoires admissibles de (2.46). L'étude de la stabilité de l'observateur est donc équivalente à l'étude de la stabilité de l'erreur totale :

$$e(t) = \overline{e}(t) - \underline{e}(t) = \overline{x}(t) - \underline{x}(t). \tag{2.54}$$

On note respectivement par $x^c(t)$ et $x^r(t)$ le centre et le rayon de l'intervalle estimant le domaine des états possibles à l'instant t :

$$\begin{cases} x^c(t) = \frac{\overline{x}(t)+\underline{x}(t)}{2} \\ x^r(t) = \frac{\overline{x}(t)-\underline{x}(t)}{2} = \frac{\overline{e}(t)-\underline{e}(t)}{2} \end{cases} . \tag{2.55}$$

Par souci de simplicité, on considère le même gain pour les bornes inférieure et supérieure (i.e. $\underline{L} = \overline{L} = L$). En utilisant les équations de la dynamique de l'observateur intervalle (2.50)-(2.51), on démontre dans [98] que si le gain L est choisi tel que la matrice :

$$A_e = \begin{pmatrix} 2\,(mid[A] - L\; mid[C]) & (w[A] - L\; w[C]) \\ (w[A] - L\; w[C]) & 2\,(mid[A] - L\; mid[C]) \end{pmatrix}$$

soit stable et Metzler, alors l'erreur totale e converge asymptotiquement vers une boule de centre x^c_{max} et de rayon x^r_{max}. Si A_e est inversible, cette boule est définie par :

$$\begin{pmatrix} x^c_{max} \\ x^r_{max} \end{pmatrix} = A_e^{-1}\Lambda_e$$

où Λ_e est un vecteur d'éléments positifs bornant (terme à terme) le vecteur :

$$\begin{pmatrix} mid[B] - L\; mid[D] \\ w[B] - L\; w[D] \end{pmatrix} u(t) + \begin{pmatrix} L\; y(t) \\ 2L\; \epsilon \end{pmatrix}.$$

Les fonctions $w(.)$ et $mid(.)$ retournent respectivement la largeur (diamètre) et le centre (milieu) d'un pavé.

L'approche proposée dans cette section permet d'assurer la stabilité et la convergence de l'observateur intervalle en choisissant judicieusement les gains d'observation. Cette technique permet de concevoir deux observateurs minorant et majorant englobant toutes les trajectoires possible de l'état d'un système LPV et ayant une structure de Luenberger. Ils peuvent être utilisés pour l'observation d'un système non linéaire après une procédure de transformation (voir annexe A). Les gains L_1 et L_2 doivent assurer la positivité de l'erreur d'observation. L'avantage de cette approche réside dans l'utilisation de techniques linéaires permettant d'assurer la stabilité de l'observateur intervalle. Néanmoins, deux hypothèses fortes sont nécessaires. D'abord, le domaine de l'état doit être petit et connu *a priori*. Ensuite, on doit être capable de déterminer deux gains L_1 et L_2 tels que les matrices $(\underline{A} - L_1\underline{C})^T$ et $(\overline{A} - L_2\overline{C})^T$ soient Metzler. Il s'avère que cette dernière condition est très restrictive. Nous avons donc cherché à la relaxer.

2.5.2 Observateurs intervalles pour une classe de systèmes LPV à base de changement de variables variant dans le temps

Afin de lever le caractère restrictif des hypothèses sur lesquelles s'appuie la première approche décrite au paragraphe 2.5.1, nous avons développé une technique basée sur un changement de variables variant dans le temps [115]. Ce travail s'inscrit dans la continuité du travail sur l'atteignabilité des systèmes LPV en présence de perturbations additives décrit dans la section 2.3.

Formulation du problème

Considérons le système LPV suivant :

$$\begin{cases} \dot{x}(t) = A(\rho(t))x(t) + B(\rho(t))u(t) + E(t)d(t) \\ y(t) = Cx(t) + Fw(t) \\ x(0) \in [\underline{x}(0), \overline{x}(0)] \\ \forall t,\ d(t) \in [-1,+1]^p,\ w(t) \in [-1,+1]^r \\ \forall t,\ \rho(t) \in [-1,+1]^q \end{cases} \tag{2.56}$$

où $x(t) \in \mathbb{R}^n$, $u(t) \in \mathbb{R}^m$, $y(t) \in \mathbb{R}^s$, $\rho(t) \in \mathbb{R}^q$, $d(t) \in \mathbb{R}^p$, et $w(t) \in \mathbb{R}^r$ représentent respectivement le vecteur d'état, le vecteur d'entrée, le vecteur de sortie, le vecteur des variables d'ordonnancement, les perturbations additives et le bruit de mesure. Les perturbations et l'état initial sont supposés inconnus mais bornés avec des bornes connues ($d(t) \in [-1,+1]^p$, $x(0) \in [\underline{x}(0), \overline{x}(0)]$). $u(t)$ et $E(t)$ sont connues et bornées. La formulation de l'observateur intervalle proposé pour le système (2.56) est obtenue en considérant la même structuration des matrices A et B que dans (2.19) :

$$A(\rho(t)) = A_0 + \Sigma_{i=1}^q A_i\, \rho_i(t)\ \in \mathbb{R}^{n\times n},\ B(\rho(t)) = B_0 + \Sigma_{i=1}^q B_i\, \rho_i(t)\ \in \mathbb{R}^{n\times m}.$$

Comme nous l'avons mentionné, les matrices A_i et B_i ($i = 1, \ldots, q$) sont constantes et connues et les $\rho_i(t)$, $i = 1, \ldots, q$, sont les éléments du vecteur d'ordonnancement. A_0 peut être stable ou instable. Un gain d'observateur assurant la stabilité de $(A_0 - LC)$ est introduit. Il faut noter que nous allons présenter dans ce manuscrit le cas général utilisant la forme de Jordan (comme précédemment pour l'atteignabilité). Dans [115], nous avions utilisé une diagonalisation dans $\mathbb{C}$, ce qui rendait nécessaire l'hypothèse qu'un gain d'observateur L assurant la $\mathbb{C}$-diagonalisabilité de la matrice $(A_0 - LC)$ existe. Notons que le cas où $(L = 0)$ correspond à un prédicteur intervalle résolvant un problème d'atteignabilité.

2.5.3 Changement de coordonnées variant dans le temps

Tout d'abord, une transformation du modèle LPV (2.56) sera établie en utilisant la décomposition de deux matrices A et B et en introduisant un gain d'observateur. Ensuite, en se basant sur la décomposition de Jordan de la matrice d'état obtenue, un changement de variables variant dans le temps permettant d'obtenir la monotonie du système (2.56) dans la nouvelle base sera proposé pour la construction d'un observateur intervalle.

En se basant sur (2.56) et la décomposition de deux matrices A et B comme dans (2.19), le système (2.56) peut être réécrit comme suit :

$$\begin{cases} \dot{x}(t) = A_0 x(t) + B_0 u(t) + E(t)d(t) + (\Sigma_{i=1}^{q} A_i x(t)\rho_i(t)) + (\Sigma_{i=1}^{q} B_i u(t)\rho_i(t)) \\ y(t) = Cx(t) + Fw(t) \end{cases} \tag{2.57}$$

Sans perte de généralité, en supposant que la paire (A_0, C) soit détectable, il est possible de calculer un gain L tel que $(A_0 - LC)$ soit stable au sens de Hurwitz. Le système (2.57) peut se réécrire sous la forme :

$$\begin{aligned} \dot{x}(t) = (A_0 - LC)x(t) + B_0 u(t) + E(t)d(t) - LFw(t) + Ly(t) + (\Sigma_{i=1}^{q} A_i x(t)\rho_i(t)) \\ +(\Sigma_{i=1}^{q} B_i u(t)\rho_i(t)) \end{aligned} \tag{2.58}$$

En introduisant les notations $\tilde{A}_0 = (A_0 - LC)$, $\tilde{B}_0 = [B_0,\ L]$, $\tilde{U}(t) = \begin{bmatrix} u(t) \\ y(t) \end{bmatrix}$, $\breve{E}(t) = [E(t),\ -LF]$ et $\breve{d}(t) = \begin{bmatrix} d(t) \\ w(t) \end{bmatrix} \in [-1, 1]^{p+r}$, le système (2.58) devient :

$$\dot{x}(t) = \tilde{A}_0 x(t) + \phi(t, x(t)) \tag{2.59}$$

$$\text{avec } \phi(t, x(t)) = \tilde{B}_0 \tilde{U}(t) + \breve{E}(t)\breve{d}(t) + (\Sigma_{i=1}^{q} A_i x(t)\rho_i(t)) + (\Sigma_{i=1}^{q} B_i u(t)\rho_i(t)) \tag{2.60}$$

La décomposition de Jordan de la matrice $\tilde{A}_0$ est donnée comme suit :

$$\begin{aligned} &\tilde{A}_0 = V^{-1} (\operatorname{diag}(\xi + i\omega) + \eta)\, V, \\ &\text{où } V \in \mathbb{C}^{n\times n},\ \ \xi \in \mathbb{R}^n,\ \ \omega \in \mathbb{R}^n \end{aligned} \tag{2.61}$$

η est une matrice nilpotante, ξ et ω représentent respectivement le vecteur contenant les parties réelles et les parties imaginaires des valeurs propres de $\tilde{A}_0$. La matrice $\tilde{A}_0$ est stable au sens de Hurwitz ssi $\xi < 0$. Le changement de coordonnées variant dans le temps (2.62) permet alors d'assurer la monotonie de (2.59) dans la nouvelle base, afin de pouvoir construire l'observateur intervalle en question.

$$z(t) = \Omega(t)x(t), \;\; \Omega(t) = \text{diag}(e^{-i\omega t})V \tag{2.62}$$

En utilisant le changement de coordonnées (2.62) et en se basant sur le théorème 8 (page 22), le système (2.59) peut se réécrire sous la forme (2.63), avec $\psi(t) = \Omega(t)\phi(t, z(t))$ et $\phi(t, z(t)) = \tilde{B}_0\tilde{U}(t) + \breve{E}(t)\breve{d}(t) + (\Sigma_{i=1}^{q} A_i\Omega^{-1}(t)z(t)\rho_i(t))$
$+ (\Sigma_{i=1}^{q} B_i u(t)\rho_i(t))$.

$$\dot{z}(t) = (\text{diag}(\xi) + \eta)z(t) + \psi(t) \tag{2.63}$$

Dans la suite, pour la construction d'un observateur intervalle pour le système (2.56) mis sous la forme (2.59) dans la base d'origine et sous la forme (2.63) dans la nouvelle base ($z(t)$), deux cas seront traités : le cas où le vecteur d'ordonnancement est connu et le cas où le vecteur d'ordonnancement est inconnu mais borné.

2.5.4 Vecteur d'ordonnancement connu

Dans ce paragraphe, un observateur intervalle basé sur le changement de variables (2.62) est développé, en supposant que le vecteur d'ordonnancement $\rho(t)$ est connu. De plus, les composantes $\rho_i(t)$ interviennent linéairement dans la matrice d'état comme on peut le voir dans l'équation (2.64). La dynamique sur laquelle va se baser l'observateur intervalle n'est plus une dynamique LTI.

$$\begin{aligned}\dot{z}(t) = (\text{diag}(\xi) + \eta + \Sigma_{i=1}^{q}\Omega(t)A_i\rho_i(t)\Omega^{-1}(t))z(t) + \Omega(t)(\tilde{B}_0\tilde{U}(t) \\ +\breve{E}(t)\breve{d}(t) + \Sigma_{i=1}^{q} B_i u(t)\rho_i(t))\end{aligned} \tag{2.64}$$

Transformation du modèle LPV

En utilisant le changement de coordonnées (2.62), le système (2.59) peut se transformer sous la forme (2.65) :

$$\dot{z}(t) = (\text{diag}(\xi) + \eta)z(t) + \psi(t) \tag{2.65}$$

avec $\psi(t) = \Omega(t)(\Sigma_{i=1}^{q} A_i\rho_i(t))\Omega^{-1}(t)z^c(t) + \Omega(t)(\tilde{B}_0 + [\Sigma_{i=1}^{q} B_i\rho_i(t), 0])\tilde{U}(t) + \Omega(t)\hat{E}(t, z^r(t))\hat{d}(t)$.

Les expressions de $\hat{E}(t, z^r(t))$ et de $\hat{d}(t)$ sont données dans la preuve ci-dessous.

Preuve. [de (2.65)]

Partons de l'équation (2.63) et notons par β_i l'influence de la $i^{ème}$ composante $\rho_i(t)$ du vecteur d'ordonnancement, avec $i = 1, \cdots, q$, i.e. $\beta_i(t) = A_i x(t)\rho_i(t)$ dans la base d'origine. $\beta_i(t)$ est donné par $\beta_i(t) = \Gamma_i(t)z(t)\rho_i(t)$ dans la nouvelle base $(z(t))$, où $\Gamma_i(t) = A_i\Omega^{-1}(t)$. En utilisant la proposition 16 (page 42), l'expression de $\beta_i(t)$ peut être réécrite sous la forme (2.66) où $\sigma(t) \in [-1,1]^{2n}$.

$$\beta_i(t) = \Gamma_i(t)z^c(t)\rho_i(t) + \Gamma_i(t)\Delta(z^r(t))\sigma(t)\rho_i(t) \tag{2.66}$$

Le système (2.63) est alors décrit par :

$$\dot{z}(t) = (\text{diag}(\xi) + \eta)z(t) + \Omega(t)(\tilde{B}_0\tilde{U}(t) + \tilde{E}(t)\tilde{d}(t)) \tag{2.67}$$

$$\text{avec } \tilde{E}(t)\tilde{d}(t) = \breve{E}(t)\breve{d}(t) + \Sigma_{i=1}^{q}(\Gamma_i(t)z^c(t) + B_i u(t))\rho_i(t) + \Gamma_i(t)\Delta(z^r(t))\sigma(t)\rho_i(t) \tag{2.68}$$

En se basant sur le changement de coordonnées (2.62), on obtient $z^c(t) = \Omega(t)x^c(t)$ (la preuve est dans [27]) et $\Gamma_i(t)z^c(t) = A_i x^c(t)$. Alors, en remplaçant $\Gamma_i(t)z^c(t)$ par $A_i x^c(t)$ dans (2.68), (2.67) peut être réécrite sous la forme :

$$\dot{z}(t) = (\text{diag}(\xi) + \eta)z(t) + \Omega(t)(\tilde{B}_0\tilde{U}(t) + \Sigma_{i=1}^{q}(A_i x^c(t) + B_i u(t))\rho_i(t) + \hat{E}(t)\hat{d}(t)) \tag{2.69}$$

$$\text{avec } \hat{E}(t)\hat{d}(t) = \breve{E}(t)\breve{d}(t) + A_i\Xi(t)\sigma(t)\rho_i(t) \text{ et } \Xi(t) = \Omega^{-1}(t)\Delta(z^r(t)) \tag{2.70}$$

Pour faire apparaître l'influence de composantes mesurées $\rho_i(t)$ dans la matrice d'état et justifier la forme de (2.65), l'équation (2.69) peut être réécrite comme suit :

$$\begin{aligned}\dot{z}(t) &= (\text{diag}(\xi) + \eta)z(t) + \Omega(t)(\Sigma_{i=1}^{q}A_i\rho_i(t))\Omega^{-1}(t)z^c(t) \\ &+\Omega(t)(\tilde{B}_0 + [\Sigma_{i=1}^{q}B_i\rho_i(t), 0])\tilde{U}(t) + \Omega(t)\hat{E}(t, z^r(t))\hat{d}(t)\end{aligned} \tag{2.71}$$

$$\text{où } \hat{E}(t, z^r(t)) = [\breve{E}(t)| \ldots A_i\rho_i(t)\Xi(t) \ldots] \tag{2.72}$$

$$\hat{d}(t) = [\breve{d}(t);\ \sigma(t)] \in [-1,1]^{p+r+2n} \tag{2.73}$$

Ainsi, l'expression (2.71) peut se mettre sous la forme (2.65) où les expressions de $\hat{E}(t, z^r(t))$ et de $\hat{d}(t)$ sont données respectivement par (2.72) et (2.73). □

Structure de l'observateur intervalle

La structure de l'observateur intervalle pour un système LPV décrit par (2.56) est donné par le théorème suivant.

Théorème 19 *[115]*

Étant donné un système décrit par (2.59)-(2.60) avec :

$\mathcal{A}_1 : x(0) \in x^c(0) \pm x^r(0) \subset \mathbb{R}^n,\ z^c(0) = Vx^c(0),\ z^r(0) = V \diamond x^r(0),\ x^r(0) \geq 0,\ z^r(0) \geq 0,$

$\mathcal{A}_2 : u(t),\ E(t),\ d(t) \in [-1,+1]^p,\ w(t) \in [-1,+1]^r$ *et* $\rho(t) \in [-1,1]^q$ *sont continus,*

$\mathcal{A}_3 : u(t)$ *et* $E(t)$ *sont connus et bornés,* $x^c(0)$ *et* $x^r(0)$ *sont connus.*

Le système

$$\begin{cases} \dot{z}^c(t) = (\text{diag}(\xi) + \eta + \Omega(t)(\Sigma_{i=1}^q A_i\rho_i(t))\Omega^{-1}(t))z^c(t) \\ \qquad +\Omega(t)(\tilde{B}_0 + [\Sigma_{i=1}^q B_i\rho_i(t), 0])\tilde{U}(t) \\ \\ \dot{z}^r(t) = (\text{diag}(\xi) + \eta)z^r(t) + |\Omega(t)\hat{E}(t, z^r(t))|\mathbf{1} \end{cases} \tag{2.74}$$

est un observateur intervalle pour (2.59)-(2.60) décrit par les dynamiques du centre ($z^c(t)$*) et du rayon (*$z^r(t)$*) d'un intervalle bornant les états dans la nouvelle base (*$z(t)$*) avec :*

$$\begin{cases} \Omega(t) = \text{diag}(e^{-i\omega t})V,\ \Omega^{-1}(t) = V^{-1}\text{diag}(e^{i\omega t}) \\ \hat{E}(t, z^r(t)) = [\breve{E}(t)| \ldots A_i\rho_i(t)\Xi(t) \ldots] \\ \Xi(t) = \Omega^{-1}(t)\Delta(z^r(t)) \end{cases} \tag{2.75}$$

L'observateur intervalle satisfait la propriété d'inclusion des états aussi bien dans la nouvelle base ($z(t)$*) (2.76) que dans la base de départ (*$x(t)$*) (2.77) :*

$$\forall t \in \mathbb{R}^+, z^r(t) \geq 0 \wedge z(t) \in z^c(t) \pm z^r(t) \subset \mathbb{C}^n \tag{2.76}$$

$$\forall t \in \mathbb{R}^+, x^r(t) \geq 0 \wedge x(t) \in x^c(t) \pm x^r(t) \subset \mathbb{C}^n \tag{2.77}$$

$$x^c(t) = \Omega^{-1}(t)z^c(t), \quad x^r(t) = \Omega^{-1}(t) \diamond z^r(t). \tag{2.78}$$

□

En se basant sur le changement des coordonnées (2.62), le théorème 19 donne la structure de l'observateur intervalle pour le système (2.59)-(2.60). Cet observateur fait bien intervenir les mesures étant donné que $\tilde{U}(t) = [u(t); y(t)]$ dans (2.74). La notation " ;" indique une concaténation verticale.

Preuve.

Pour prouver le théorème 19, on va utiliser la transformation de (2.59) dans la base $(z(t))$ représentée par (2.65) pour donner les expressions de $\psi^c(t)$ et $\psi^r(t)$ telles que $\psi(t) \in \psi^c(t) \pm \psi^r(t)$ où $\psi(t) = \Omega(t)\phi(t)$. Ensuite, en utilisant la nouvelle forme de (2.65), les expressions obtenues pour

$(\psi^c(t),\ \psi^r(t))$, et en se basant sur un raisonnement analogue à celui développé dans la preuve du théorème 15 au paragraphe 2.3.3 (page 39), la structure de l'observateur proposé ainsi que la propriété d'inclusion sont justifiées.

- *Expressions de $\psi^c(t)$ et $\psi^r(t)$:*

En utilisant (2.65) et $\hat{d}(t) \in [-1,+1]^{p+r+2n}$, on obtient :

$$\psi(t) \in \Omega(t)(\Sigma_{i=1}^{q} A_i\rho_i(t))\Omega^{-1}(t)z^c(t) + \Omega(t)(\tilde{B_0} + [\Sigma_{i=1}^{q} B_i\rho_i(t), 0])\tilde{U}(t) + \Omega(t)\hat{E}(t, z^r(t))(\mathbf{0} \pm \boldsymbol{1}).$$

En se basant sur le théorème 9 (page 24), l'expression précédente peut être exprimée par : $\psi(t) \in \psi^c(t) \pm \psi^r(t)$ avec

$$\psi^c(t) = \Omega(t)(\Sigma_{i=1}^{q} A_i\rho_i(t))\Omega^{-1}(t)z^c(t) + \Omega(t)(\tilde{B_0} + [\Sigma_{i=1}^{q} B_i\rho_i(t), 0])\tilde{U}(t),$$

$$\psi^r(t) = |\Omega(t)\hat{E}(t, z^r(t))|\boldsymbol{1}.$$

- Vérifions les hypothèses suivantes :

$\mathcal{A}_1$: $\dot{z}(t) = (\mathrm{diag}(\xi) + \eta)z(t) + \psi(t)$,
$\mathcal{A}_2$: $z(t) \in \mathbb{C}^n, z^r(0) \geq 0, z(0) \in z^c(0) \pm z^r(0)$,
$\mathcal{A}_3$: $\psi^c(t) \in \mathbb{C}^n$ *et* $\psi^r(t) \in \mathbb{C}^n$ *sont continues*,
$\mathcal{A}_4$: $\psi^r(t) \geq 0$ *et* $\psi(t) \in \psi^c(t) \pm \psi^r(t)$,
$\mathcal{A}_5$: obs^c *et* obs^r *sont deux dynamiques respectivement définies par* (2.79) *et* (2.80) :

$$\dot{z}^c(t) = (\mathrm{diag}(\xi) + \eta)z^c(t) + \psi^c(t) \tag{2.79}$$

$$\dot{z}^r(t) = (\mathrm{diag}(\xi) + \eta)z^r(t) + \psi^r(t) \tag{2.80}$$

En se basant sur un raisonnement analogue à celui développé dans la preuve du théorème 15 au paragraphe 2.3.3 (page 39), on montre que $obs = (obs^c, obs^r)$ est un observateur intervalle pour le système défini dans $\mathcal{A}_1$ vérifiant la propriété d'inclusion (2.76). D'où la preuve du théorème 19. □

Stabilité de l'observateur intervalle

Même si la propriété d'inclusion (2.76) assure que les trajectoires de l'état restent dans les bornes calculées, la stabilité de l'observateur ne peut pas être directement déduite de la stabilité de $\tilde{A}_0$. D'une part, la dynamique du centre ($z^c(t)$) dépend de $\Sigma_{i=1}^{q} A_i\rho_i(t)$ où $\rho_i(t)$ sont des variables variant dans le temps. D'autre part, la dynamqiue du rayon $z^r(t)$ dépend de $\hat{E}(t)$ i.e. $\hat{E}(t) = \hat{E}(t, z^r(t))$. La stabilité de l'observateur intervalle obtenu dépend de la stabilité des dynamiques données par (2.74). Par la suite, nous allons donner une condition assurant la stabilité de la dynamique du centre $z^c(t)$ et une condition suffisante de non divergence de la dynamique du rayon $z^r(t)$.

La condition assurant la stabilité de la dynamique du centre $z^c(t)$ est établie dans la base d'origine. Par conséquent, une transformation de (2.74) dans la base d'origine $x(t)$ est d'abord présentée dans le corollaire 2.

Corollaire 2 *La dynamique du centre de l'observateur intervalle dans la base d'origine ($x(t)$) est décrite par (2.81) :*

$$\dot{x}^c(t) = (A_0 - LC + \Sigma_{i=1}^q A_i\rho_i(t))x^c(t) + (\tilde{B}_0 + [\Sigma_{i=1}^q B_i\rho_i(t), 0])\tilde{U}(t) \tag{2.81}$$

□

Preuve. L'expression (2.81) est justifiée en utilisant le changement de coordonnées variant dans le temps $z(t) = \Omega(t)x(t)$. En effet, on a $z^c(t) = \Omega(t)x^c(t)$ ce qui implique $\dot{z}^c(t) = \text{diag}(-i\omega)\Omega(t)x^c(t) + \Omega(t)\dot{x}^c(t)$. Remplaçons $\dot{z}^c(t)$ par son expression dans la première équation de (2.74), on obtient :

$$\begin{gathered}\text{diag}(-i\omega)\Omega(t)x^c(t) + \Omega(t)\dot{x}^c(t) = \\ (\text{diag}(\xi) + \eta + \Omega(t)(\Sigma_{i=1}^q A_i\rho_i(t))\Omega^{-1}(t))\Omega(t)x^c(t) + \Omega(t)(\tilde{B}_0 + [\Sigma_{i=1}^q B_i\rho_i(t), 0]))\tilde{U}(t).\end{gathered}$$

Ensuite, en multipliant chaque côté de l'équation par $\Omega^{-1}(t)$ et en remplaçant $\text{diag}(i\omega) + \text{diag}(\xi) + \eta$ par $\text{diag}(\xi + i\omega) + \eta$, on obtient :

$$\dot{x}^c(t) = \Omega^{-1}(t)(\text{diag}(\xi + i\omega) + \eta)\Omega(t)x^c(t) + (\Sigma_{i=1}^q A_i\rho_i(t))x^c(t) + (\tilde{B}_0 + [\Sigma_{i=1}^q B_i\rho_i(t), 0]))\tilde{U}(t).$$

Finalement, en utilisant (2.61), la dernière expression devient :

$$\dot{x}^c(t) = \tilde{A}_0 x^c(t) + (\Sigma_{i=1}^q A_i\rho_i(t))x^c(t) + (\tilde{B}_0 + [\Sigma_{i=1}^q B_i\rho_i(t), 0]))\tilde{U}(t)$$

La dynamique (2.81) est alors obtenue. □

- *Stabilité de la dynamique du centre $x^c(t)$:*

La dynamique de l'erreur liée à (2.81) est stable si $\dot{e}(t) = (A_0 - LC + \Sigma_{i=1}^q A_i\rho_i(t))e(t)$ est stable, où $e(t) = x(t) - x^c(t)$ désigne l'erreur d'observation. Dans ce travail, la stabilité de la dynamique du centre de l'observateur résulte de la stabiliité de :

$$\dot{x}(t) = (A_0 - LC + \Sigma_{i=1}^q A_i\rho_i(t))x(t) \tag{2.82}$$

Soit la fonction de Lyapunov définie par $V(x(t)) = x^T(t)Px(t)$. Cette fonction quadratique garantit la stabilité de (2.82) s'il existe une matrice $P = P^T \succ 0$ telle que :

$$(A_0 + \Sigma_{i=1}^q A_i\rho_i(t) - LC)^T P + P(A_0 + \Sigma_{i=1}^q A_i\rho_i(t) - LC) \prec 0 \tag{2.83}$$

où $\prec 0$ indique une matrice définie négative. Soit $X = PL$ (d'où $X^T = L^T P$). L'équation (2.83) devient :

$$A^T(t)P + PA(t) - C^T X^T - XC \prec 0 \tag{2.84}$$

avec $A(t) = A_0 + \Sigma_{i=1}^q A_i\rho_i(t)$. La forme affine de la matrice $(A_0 + \Sigma_{i=1}^q A_i\rho_i(t))$ peut être exprimée sous une forme polytopique en utilisant le lemme 4.

Lemme 4 *les deux énoncés suivants sont équivalents :*
S_1 : $\exists\rho(t) \in [-1,1]^q$, $A(t) = A_0 + \Sigma_{i=1}^q A_i\rho_i(t)$
S_2 : $\exists\alpha(t) \in (\mathbb{R}^+)^N$, $A(t) = \Sigma_{j=1}^N \alpha_j(t)\hat{A}_j$, $\Sigma_{i=1}^N \alpha_j(t) = 1$
où $\hat{A} = \{A_0 + \Sigma_{i=1}^q A_i\eta_i,\ \eta \in \{-1,1\}^q\}$, $N = 2^q$ *et* $\hat{A}_j$ *désigne le* $j^{ème}$ *élément de* $\hat{A}$, $j = 1,\ldots,N$.
□

Le lemme 4 donne un résultat d'équivalence entre la représentation affine d'une matrice intervalle incertaine (S_1) et la forme polytopique (S_2). La preuve de ce lemme est obtenue directement de la relation entre $\rho(t)$ et $\alpha(t)$ qui résulte de la transformation polytopique convexe obtenue en prenant les éléments scalaires de $\rho(t)$ comme variables de prémisse [19].

En utilisant le lemme 4, l'inéqualité (2.84) est réécrite comme suit :

$$\Sigma_{j=1}^N \alpha_j(t)(\hat{A}_j^T P + P\hat{A}_j - C^T X^T - XC) \prec 0 \tag{2.85}$$

$$\hat{A}_j^T P + P\hat{A}_j - C^T X^T - XC \prec 0,\ \forall j = 1,\ldots,N \tag{2.86}$$

Comme $\alpha_j(t) > 0$ pour $j = 1,\ldots,N$, si (2.86) est vérifiée pour $j = 1,\ldots,N$, alors (2.85) est également vraie.

Une condition assurant la stabilité de la dynamique du centre de l'observateur intervalle proposé est donnée par la proposition suivante.

Proposition 20 *Un système dynamique décrit par la première équation de (2.74) (équivalente à (2.81)) est stable s'il existe une matrice* $P = P^T \succ 0$ *symétrique définie positive et une matrice* X *telle que* $\hat{A}_j^T P + P\hat{A}_j - C^T X^T - XC \prec 0$, $\forall j = 1,\ldots,N$, *où* $\hat{A}_j$ *est définie conformément au* *lemme 4 et $L = P^{-1}X$.* □

- *Non divergence de la dynamique du rayon $z^r(t)$:*

Une condition suffisante assurant la non divergence de la dynamique du rayon $(z^r(t))$ de l'observateur proposé est donnée par la proposition 21.

Proposition 21 *Soit $S = \Sigma_{i=1}^{q}\|VA_iV^{-1}\| \in (\mathbb{R}^+)^{n\times n}$ avec $\rho(t) \in [-1,1]^q$ et $\|.\|$ désignant le module appliqué élément par élément à une matrice complexe. Si $\xi < 0$ (stabilité de $\tilde{A}_0$) et si la matrice Metzler $[(\text{diag}(\xi) + \eta + S),\ S;\ S,\ (\text{diag}(\xi) + \eta + S)]$ est stable au sens de Hurwitz, alors $\forall t, 0 \leq z^r(t) \leq \bar{z}^r(t)$ et $\bar{z}^r(t)$ possède une dynamique stable.* □

La preuve de cette proposition est similaire à la preuve du théorème 8 dans [24]. Il suffit de remplacer $\text{diag}(\xi)$ par $(\text{diag}(\xi) + \eta)$ étant donné que dans ce travail la décomposition de Jordan est utilisée au lieu de la diagonalisation.

Pour conclure, l'observateur intervalle donné par le théorème 19 est stable si les propositions 20 et 21 sont satisfaites.

2.5.5 Vecteur d'ordonnancement inconnu mais borné

Dans ce paragraphe, un observateur intervalle basé sur le changement de variables (2.62) est développé, en considérant le vecteur d'ordonnancement $\rho(t)$ non mesuré mais borné. Dans ce cas, les composantes $\rho_i(t)$ n'interviennent plus dans la matrice d'état comme dans le cas précédent, mais ces variables seront injectées dans l'entrée du système comme le montre l'équation (2.87). La dynamique sur laquelle va se baser l'observateur intervalle est invariante dans le temps.

$$\begin{aligned}\dot{z}(t) = (\text{diag}(\xi) + \eta)z(t) + \Omega(t)(\tilde{B}_0\tilde{U}(t) + \breve{E}(t)\breve{d}(t) + \Sigma_{i=1}^{q}B_iu(t)\rho_i(t)\\ +\Sigma_{i=1}^{q}A_ix(t)\rho_i(t))\end{aligned} \tag{2.87}$$

Transformation du modèle LPV

En utilisant le changement de coordonnées (2.62), le système (2.59) peut se transformer sous la forme (2.88).

$$\dot{z}(t) = (\text{diag}(\xi) + \eta)z(t) + \psi(t) \tag{2.88}$$

avec $\psi(t) = \Omega(t)\tilde{B}_0\tilde{U}(t) + \Omega(t)\hat{E}(t, z^r(t), z^c(t))\hat{d}(t)$ et les expressions de $\hat{E}(t, z^r(t), z^c(t))$ et de $\hat{d}(t)$ sont données par :

$$\hat{E}(t, z^r(t), z^c(t)) = [\breve{E}(t)| \ldots A_i\Omega^{-1}(t)z^c(t) + B_iu(t) \ldots | \ldots A_i\Xi(t) \ldots] \tag{2.89}$$

$$\hat{d}(t) = [\breve{d}(t);\ \rho(t);\ \sigma(t)\rho(t)] \tag{2.90}$$

Éléments de preuve. La preuve justifiant la réécriture de (2.59) sous la forme (2.88)-(2.90) est similaire à celle justifiant la réécriture de (2.59) sous la forme (2.65), sauf que, dans ce cas, il faut injecter $\Omega(t)(\Sigma_{i=1}^q A_ix(t)\rho_i(t)) = \Omega(t)(\Sigma_{i=1}^q A_i\Omega^{-1}z(t)\rho_i(t))$ dans le terme d'entrée.

Structure de l'observateur intervalle

La structure de l'observateur intervalle pour un système LPV décrit par (2.56), est donnée par le théorème 22.

Théorème 22 *[115]*

Étant donné un système décrit par (2.59)-(2.60) avec :
$\mathcal{A}_1 : x(0) \in x^c(0) \pm x^r(0) \subset \mathbb{R}^n,\ z^c(0) = Vx^c(0),\ z^r(0) = V \diamond x^r(0),\ x^r(0) \geq 0,\ z^r(0) \geq 0,$
$\mathcal{A}_2 : u(t),\ E(t),\ d(t) \in [-1, +1]^p,\ w(t) \in [-1, +1]^r$ *et* $\rho(t) \in [-1, 1]^q$ *sont continus,*
$\mathcal{A}_3 : u(t)$ *et* $E(t)$ *sont connus et bornés,* $x^c(0)$ *et* $x^r(0)$ *sont connus.*

Le système

$$\begin{cases} \dot{z}^c(t) = (\text{diag}(\xi) + \eta)z^c(t) + \Omega(t)\tilde{B}_0\tilde{U}(t) \\ \\ \dot{z}^r(t) = (\text{diag}(\xi) + \eta)z^r(t) + |\Omega(t)\hat{E}(t, z^r(t), z^c(t))|\mathbf{1} \end{cases} \tag{2.91}$$

est un observateur intervalle pour (2.59)-(2.60) décrit par les dynamiques du centre ($z^c(t)$) et du rayon ($z^r(t)$) de l'intervalle bornant les états dans la base ($z(t)$) avec :

$$\begin{cases} \Omega(t) = \text{diag}(e^{-i\omega t})V,\ \Omega^{-1}(t) = V^{-1}\text{diag}(e^{i\omega t}) \\ \hat{E}(t, z^r(t), z^c(t)) = [\breve{E}(t)| \ldots A_i\Omega^{-1}(t)z^c(t) + B_iu(t) \ldots | \ldots A_i\Xi(t) \ldots] \\ \Xi(t) = \Omega^{-1}(t)\Delta(z^r(t)) \end{cases} \tag{2.92}$$

L'observateur intervalle satisfait une propriété d'inclusion des états qui s'exprime aussi bien dans la base ($z(t)$) (2.93) que dans la base ($x(t)$) (2.94) :

$$\forall t \in \mathbb{R}^+, z^r(t) \geq 0 \wedge z(t) \in z^c(t) \pm z^r(t) \subset \mathbb{C}^n \tag{2.93}$$

$$\forall t \in \mathbb{R}^+, x^r(t) \geq 0 \wedge x(t) \in x^c(t) \pm x^r(t) \subset \mathbb{C}^n \tag{2.94}$$

$$x^c(t) = \Omega^{-1}(t) z^c(t), \quad x^r(t) = \Omega^{-1}(t) \diamond z^r(t). \tag{2.95}$$

□

En se basant sur le changement des coordonnées (2.62), le théorème 22 donne la structure de l'observateur intervalle pour le système (2.59)-(2.60), dans le cas où le vecteur d'ordonnancement est inconnu mais borné.

Éléments de preuve. La preuve du théorème 22 est similaire à celle du théorème 19 (page 57) avec $\psi^c(t) = \Omega(t)\tilde{B}_0\tilde{U}(t)$ et $\psi^r(t) = |\Omega(t)\hat{E}(t, z^r(t), z^c(t))|\mathbf{1}$ où $\hat{E}(t, z^r(t), z^c(t))$ est donné par (2.89).

Stabilité de l'observateur intervalle

En examinant les dynamiques de l'observateur intervalle (2.91) obtenu dans le cas où le vecteur d'ordonnancement est non mesuré, on constate que la stabilité de la dynamique du centre (première équation de (2.91)) est obtenue directement de la stabilité du système ($\xi < 0$), ce qui n'est pas le cas pour la dynamique du rayon. Ainsi, comme précédemment (paragraphe 2.5.4), la proposition 21 doit être satisfaite pour assurer la stabilité de la dynamique de l'observateur intervalle. En effet, cette dernière ne repose pas sur la connaissance de ρ et continue donc à s'appliquer dans le cas où le vecteur d'ordonnancement et inconnu mais borné.

Nous avons proposé une nouvelle technique pour la construction d'un observateur intervalle pour une classe de systèmes LPV. Cette méthode est basée sur un changement de coordonnées variant dans le temps permettant d'assurer la propriété de monotonie dans la nouvelle base pour relaxer la condition restrictive souvent rencontrée lors de la construction des observateurs intervalles. Nous avons traité le cas où le vecteur d'ordonnancement est connu et le cas où le vecteur d'ordonnancement n'est pas connu exactement mais simplement borné. Dans le paragraphe suivant, en se plaçant dans le cas où ρ est connu, l'observateur intervalle développé sera illustré à travers un exemple numérique.

2.5.6 Exemple numérique

Pour illustrer la méthode proposée pour la construction de l'observateur intervalle dédié aux systèmes LPV, nous considérons un système LPV en présence de perturbations additives décrit par (2.96).

$$\begin{cases} \dot{x}(t) = A(\rho(t))x(t) + B(\rho(t))u(t) + E(t)d(t) \\ y(t) = Cx(t) \end{cases} \tag{2.96}$$

$x(t) \in \mathbb{R}^2$ est l'état, $u(t)$ est l'entrée ($u(t) = 1$), $d(t) \in [-1, +1]^2$ est la perturbation, $E(t) = [0.2, 0;\ 0, 0.5] \in \mathbb{R}^{2\times 2}$, $B(\rho(t)) = B_0 = [0.1; 0.1] \in \mathbb{R}^{2\times 1}$, $C = [0, 1] \in \mathbb{R}^{1\times 2}$. Pour les simulations, $A(\rho(t))$ est choisie telle que :

$$\begin{aligned} A(\rho(t)) &= \begin{bmatrix} -0.632 - 0.16sin(t) & 0.1cos(3t) \\ -0.14cos(2t) & 0.06sin(t) \end{bmatrix} \\ &= A_0 + \Sigma_{i=1}^{3} A_i \rho_i(t) \end{aligned}$$

où $\rho(t) = [\rho_1(t); \rho_2(t); \rho_3(t)] = [sin(t); cos(3t); cos(2t)]$, $A_0 = [-0.632, 0; 0, 0]$, $A_1 = [-0.16, 0; 0, 0.06]$, $A_2 = [0, 0.1;\ 0, 0]$ et $A_3 = [0, 0;\ -0.14, 0]$. Étant donné que A_0 est instable, le gain d'observateur $L = [0;\ 4.368]$ est introduit tout en satisfaisant les propositions 20 et 21. Le système (2.96) est similaire à (2.59) où $\tilde{A}_0 = [-0.632, 0;\ 0, -4.368]$, $\tilde{B}_0 = [0.1, 0;\ 0.1, 4.368]$, $\tilde{U}(t) = [1;\ y(t)]$, $\breve{E}(t) = E(t)$ ($F = 0$) et $\breve{d}(t) = d(t)$. Pour les simulations, on a pris $x^c(0) = [1.4;\ 0.05]$ et $x^r(0) = [1.4;\ 1.45]$.

En introduisant le gain L vérifiant les conditions de la proposition 20, la matrice $\tilde{A}_0$ obtenue est stable. Toutes les hypothèses du théorème 19 sont valides et les résultats de simulation entre $t = 0$ et $t = 50\ s$ (avec un pas $h = 0.001$) de l'observateur intervalle sont donnés par la figure 2.2 pour les deux états $x_1(t)$ et $x_2(t)$.

Étant donné que les propositions 20 et 21 sont satisfaites, les dynamiques des bornes de l'observateur intervalle sont alors stables. Comme l'illustre la figure 2.2, la propriété d'inclusion est bien vérifiée : $x_1(t) \in [\underline{x}_1, \overline{x}_1]$ et $x_2(t) \in [\underline{x}_2, \overline{x}_2]$.

2.6 Conclusion

Dans ce chapitre nous avons rappelé tout d'abord les méthodes de Taylor par intervalles et un couplage avec des systèmes englobants pour la caractérisation d'ensembles atteignables pour une classe générale de systèmes non linéaires. Ensuite, nous avons présenté une technique d'atteignabilité pour des systèmes linéaires à paramètres variants. La relaxation des conditions de monotonie est obtenue au travers d'un changement de coordonnées variant dans le temps. Une comparaison entre la technique proposée et l'approche à base de systèmes englobants combinée avec des techniques d'intégration numérique garantie a été réalisée. Les simulations montrent que l'approche à

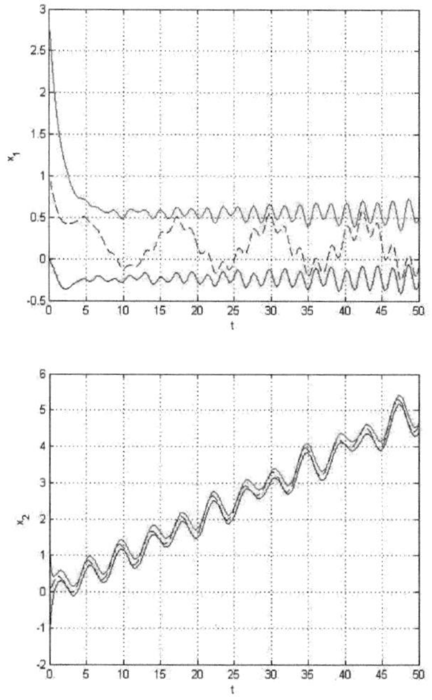

FIGURE 2.2 – Résultats de simulation pour un système LPV

base de changement de coordonnées semble produire des résultats moins pessimistes.

Cette technique de calcul d'atteignabilité a été étendue à la construction d'observateurs intervalles pour des systèmes LPV. Après avoir présenté quelques résultats existants pour la construction d'observateurs intervalles pour cette classe de systèmes, nous avons proposé une nouvelle technique permettant de relaxer les conditions de coopérativité qui s'avèrent restrictives pour des applications réelles. Deux cas ont été étudiés : le cas où le vecteur d'ordonnancement est mesuré et le cas où le vecteur d'ordonnancement est inconnu. Le chapitre suivant présente une extension au cas des systèmes linéaires variants dans le temps (LTV).

Chapitre 3

Observateurs intervalles pour des systèmes LTV

3.1 Introduction

Nous avons montré dans les chapitres précédents que la synthèse d'observateurs intervalles est souvent confrontée au problème de construction d'une dynamique non négative pour l'erreur d'observation. Pour des dynamiques LTI, nous avons présenté dans le chapitre 1 des solutions basées sur des changements de coordonnées invariants et variants dans le temps. Ces techniques ont été ensuite étendues au cas des systèmes LPV dans le chapitre 2. Nous avons proposé une approche qui a permis de relaxer des hypothèses restrictives liées à la non négativité de l'erreur d'observation pour cette classe. Un changement de variable variant dans le temps a alors été construit en s'appuyant sur une dynamique LTI centrale [115].

Dans ce chapitre, nous allons étendre ces résultats aux systèmes Linéaires Variants dans le Temps (LTV). Nous allons d'abord rappeler une approche visant à étendre les résultats de la section 1.3 aux systèmes LTV. Elle repose sur la transformation d'une matrice intervalle quelconque en une matrice intervalle Metzler [37, 36]. Cette technique peut également s'appliquer à des systèmes LPV avec un vecteur d'ordonnancement mesurable. La limitation principale de cette approche est que la matrice d'état $D(t) = A(t) - L_{obs}(t)C(t)$, où $L_{obs}(t)$ est le gain de l'observateur, doit appartenir à un domaine de faible amplitude. De plus, on ne dispose pas de méthodes génériques et systématiques pour le calcul de $L_{obs}(t)$ et du changement de coordonnées permettant de rendre la matrice $D(t)$ Metzler. Afin de contourner cette limitation, nous proposerons ensuite une approche originale pour la construction d'observateurs intervalles dédiés aux systèmes LTV [114]. Un changement de coordonnées permettant de transformer une matrice variant dans le temps en une matrice Metzler sera alors construit. L'implémentation de l'observateur proposé sera également discutée.

Pour illustrer les performances de cette nouvelle approche, nous allons établir dans la dernière section une comparaison avec les résultats obtenus en appliquant les méthodes présentées dans [37] et [115].

3.2 Changements de coordonnées invariant dans le temps pour des systèmes LTV

Dans cette section, certains résultats pour la construction d'un observateur intervalle pour les systèmes LTV sont rappelés [37].

3.2.1 Notations

Dans la suite de la section 3.2, nous noterons par :

- $|x|$ la norme euclidienne d'un vecteur $x \in \mathbb{R}^n$;
- $||u||_{[t_0,t_1]}$ la norme L_∞ d'un signal localement essentiellement borné $u : \mathbb{R}_+ \to \mathbb{R}$ ($\mathbb{R}_+ = \{\tau \in \mathbb{R} : \tau \geq 0\}$), définie par :

$$||u||_{[t_0,t_1]} = ess\sup\{|u(t)|, t \in [t_0, t_1]\}.$$

  Pour $t_1 = +\infty$, nous utiliserons simplement la notation $||u||$;
- $\overline{1,k}$ la séquence d'entiers $1, \ldots, k$;
- I_n et E_n respectivement la matrice identité et la matrice dont tous les éléments sont égaux à 1, de dimension $n \times n$;
- $||A||_{max} = \max_{i=\overline{1,n}, j=\overline{1,n}} |A_{i,j}|$;
- $M \succ 0$ (resp. $M \prec 0$) indique que la matrice M est définie positive (resp. définie négative).

Lemme 5 *Soit un vecteur $x \in \mathbb{R}^n$ borné par $\underline{x}$ et $\overline{x}$ (i.e $\underline{x} \leq x \leq \overline{x}$), et $A \in \mathbb{R}^{m \times n}$ une matrice constante, alors :*

$$A^+\underline{x} - A^-\overline{x} \leq Ax \leq A^+\overline{x} - A^-\underline{x}, \tag{3.1}$$

où $A^+ = max\{0, A\}$ et $A^- = max\{0, -A\}$. □

Preuve. La preuve est donnée dans [36, 37].

3.2.2 Synthèse de l'observateur

Considérons un système décrit par :

$$\dot{x} = A(t, y, u)x + f(t, x, u, \theta), \tag{3.2}$$
$$y = C(t, u)x,$$

où $x \in \mathbb{R}^n$, $u \in \mathbb{R}^m$ et $y \in \mathbb{R}^s$ sont respectivement l'état, l'entrée et la sortie du système (3.2). $\theta \in \Theta \subset \mathbb{R}^q$ est un vecteur de signaux inconnus (y compris des paramètres incertains), l'ensemble compact Θ est connu, $A : \mathbb{R}^{s+m+1} \to \mathbb{R}^{n\times n}$, $C : \mathbb{R}^{m+1} \to \mathbb{R}^{s\times n}$ et la fonction $f : \mathbb{R}^{n+m+q+1} \to \mathbb{R}^{n\times m}$ varient dans le temps.
Pour faciliter l'analyse qui suit, supposons que les signaux $u(t)$ et $y(t)$ sont disponibles. À noter que le vecteur de sortie $y(t)$ ne peut être disponible que via un système d'instrumentation et de mesure qui introduit un bruit.

Les hypothèses suivantes, similaires à celles utilisées pour des systèmes invariants dans le temps, sont nécessaires pour la construction d'un observateur intervalle.

Hypothèse 23 *L'état x, l'entrée u et la sortie y sont bornés, i.e. $||x|| \leq X$, $||u|| \leq U$ et $||y|| \leq Y$ pour des constantes $X > 0$, $U > 0$, $Y > 0$ données.*

Hypothèse 24 *Il est possible de construire deux fonctions, majorante $\overline{f} : \mathbb{R}^{2n+m+1} \to \mathbb{R}^n$ et minorante $\underline{f} : \mathbb{R}^{2n+m+1} \to \mathbb{R}^n$, pour la fonction f pour tout $t \geq 0$, $\underline{x} \leq x \leq \overline{x}$ pour $\underline{x}, \overline{x} \in \mathbb{R}^n$, $||u|| \leq U$ et $\theta \in \Theta$ telles que $\underline{f}(t, \underline{x}, \overline{x}, u) \leq f(t, x, u, \theta) \leq \overline{f}(t, \underline{x}, \overline{x}, u)$.*

Hypothèse 25 *Il existe des fonctions matricielles $L_{obs} : \mathbb{R}^{s+m+1} \to \mathbb{R}^{n\times s}$, $M_1 : \mathbb{R}_+ \to \mathbb{R}^{n\times n}$, $M_1(\cdot) = M_1(\cdot)^T \succ 0$ telles que pour tout $t \geq 0$ et $||u|| \leq U$, $||y|| \leq Y$:*

$$m_1 I_n \preceq M_1(t) \preceq m_2 I_n,\ m_1, m_2 > 0;$$
$$\dot{M}_1(t) + D(t, y, u)^T M_1(t) + M_1(t) D(t, y, u) + M_1(t)^2 + M_2 \preceq 0,$$
$$D(t, y, u) = A(t, y, u) - L_{obs}(t, y, u) C(t, u),\ M_2 = M_2^T \succ 0.$$

Le gain d'observation L_{obs} a été introduit dans l'hypothèse 25 pour assurer la stabilité de la matrice $D(t, y, u)$.

Notons que lorsque la matrice D est Metzler, un observateur intervalle peut être construit en se basant sur les travaux [16, 83, 98] :

$$\begin{cases} \dot{\underline{x}} &= A(t,y,u)\underline{x} + \underline{f}(t,\underline{x},\overline{x},u) + L_{obs}(t,y,u)[y - C(t,u)\underline{x}] \\ \\ \dot{\overline{x}} &= A(t,y,u)\overline{x} + \overline{f}(t,\underline{x},\overline{x},u) + L_{obs}(t,y,u)[y - C(t,u)\overline{x}] \end{cases} . \tag{3.3}$$

Théorème 26 *[37] On suppose que les hypothèses 23, 24 et 25 sont vérifiées, que la matrice $D(t,y,u)$ est Metzler pour tout $t \geq 0$, $||u|| \leq U$, $||y|| \leq Y$ et que l'une des conditions suivantes est satisfaite :*

1. $|\underline{f}(t,\underline{x},\overline{x},u)| < +\infty$, $|\overline{f}(t,\underline{x},\overline{x},u)| < +\infty$ *pour tout* $t \geq 0$, $||u|| \leq U$ *et tout* $\underline{x} \in \mathbb{R}^n$, $\overline{x} \in \mathbb{R}^n$;
2. *pour tout* $t \geq 0$, $\theta \in \Theta$ *et tout* $\underline{x} \in \mathbb{R}^n$, $\overline{x} \in \mathbb{R}^n$

$$|f(t,x,u,\theta) - \underline{f}(t,\underline{x},\overline{x},u)|^2 + |\overline{f}(t,\underline{x},\overline{x},u) - f(t,x,u,\theta)|^2 \leq \beta|x - \underline{x}|^2 + \beta|\overline{x} - x|^2 + \alpha$$

pour $\alpha \in \mathbb{R}_+$, $\beta \in \mathbb{R}_+$, *et*

$$\beta I_n - M_2 + R \preceq 0, \; R = R^T \succ 0.$$

Alors les variables $\underline{x}(t)$ et $\overline{x}(t)$ dans (3.3) restent bornées pour tout $t > 0$ et

$$\underline{x}(t) \leq x(t) \leq \overline{x}(t),$$

en partant des conditions initiales $\underline{x}(0) \leq x(0) \leq \overline{x}(0)$.

Preuve. Le lecteur peut se référer à [36, 37] pour la preuve.

Le théorème 26 suppose que la matrice D est Metzler. Les autres hypothèses sont classiques dans la théorie des observateurs ponctuels, à savoir la bornitude de l'état et de l'entrée, l'existence d'un majorant et d'un minorant pour la fonction f, l'existence d'un gain d'observation L_{obs} assurant la stabilité de la matrice $D(.)$ avec une matrice de Lyapunov M_1 (hypothèse 25), et la condition de Lipschitz ou la bornitude de $\underline{f}$, $\overline{f}$.

Le cas d'une matrice D constante correspond aux résultats de la section 1.3 où un changement de base statique S tel que $S^{-1}DS$ est stable et Metzler a été construit. Dans cette section, nous nous intéressons uniquement à des matrices $D(t,y,u)$ variant dans le temps.

Lorsqu'il est possible de déterminer un gain L_{obs} tel que la matrice $D(t,y,u)$ soit Metzler, l'observateur (3.3) permet d'estimer le domaine des états possibles. Dans la suite, nous supposerons qu'il n'existe pas de gain L_{obs}, tel que la matrice $D(t,y,u)$ soit Metzler et stable.

Lemme 6 *[37] Soit $Z \in \Xi \subset \mathbb{R}^{n\times n}$ une matrice variable avec $\Xi = \{Z \in \mathbb{R}^{n\times n} : Z_a - \Delta \leq Z \leq Z_a + \Delta\}$ pour deux matrices $Z_a^T = Z_a \in \mathbb{R}^{n\times n}$ et $\Delta \in \mathbb{R}_+^{n\times n}$. Si, pour une constante $\mu \in \mathbb{R}$ et une matrice diagonale $\Upsilon \in \mathbb{R}^{n\times n}$, la matrice Metzler $R = \mu E_n - \Upsilon$ possède les mêmes valeurs propres que Z_a, alors il existe une matrice orthogonale $S \in \mathbb{R}^{n\times n}$ telle que toutes les matrices $S^T Z S$ avec $Z \in \Xi$ soient Metzler, à condition que $\mu > n||\Delta||_{max}$.* □

Preuve. Le lecteur peut se référer à [37] pour une preuve détaillée.

Dans la suite, nous allons supposer que toutes les conditions du lemme 6 sont vérifiées.

Hypothèse 27 *Soit $D(t, y, u) \in \Xi$ pour tout $t \geq 0$, $||u|| \leq U$ et $||y|| \leq Y$, où $\Xi = \{D \in \mathbb{R}^{n\times n} : D_a - \Delta \leq D \leq D_a + \Delta\}$ avec $D_a^T = D_a \in \mathbb{R}^{n\times n}$ et $\Delta \in \mathbb{R}_+^{n\times n}$. Pour une constante $\mu > n||\Delta||_{max}$ et une matrice diagonale $\Upsilon \in \mathbb{R}^{n\times n}$, la matrice Metzler $R = \mu E_n - \Upsilon$ possède les mêmes valeurs propres que D_a.*

Cette hypothèse implique l'existence d'une matrice orthogonale $S \in \mathbb{R}^{n\times n}$ telle que $S^{\mathrm{T}} D(t, y, u) S$ soit Metzler pour tout $D(t, y, u) \in \Xi$. Soit le changement de base $z = S^T x$. Alors, le système (3.2) peut se réécrire sous la nouvelle forme :

$$\dot{z} = S^T A(t, y, u) S z + \phi(t, z, u, \theta),$$

où $\phi(t, z, u, \theta) = S^T f(t, Sz, u, \theta)$. A l'aide de (3.1), on obtient pour $x = Sz$:

$$\underline{x} \leq x \leq \overline{x}, \tag{3.4}$$

$$\underline{x} = S^+ \underline{z} - S^- \overline{z},\ \overline{x} = S^+ \overline{z} - S^- \underline{z}, \tag{3.5}$$

où $\underline{z} \leq z \leq \overline{z}$ est l'encadrement de z. Sous l'hypothèse 24 et en substituant $\underline{x}$ et $\overline{x}$, on obtient :

$$\underline{\phi}(t, \underline{z}, \overline{z}, u) = S^{+\mathrm{T}} \underline{f}(t, \underline{x}, \overline{x}, u) - S^{-\mathrm{T}} \overline{f}(t, \underline{x}, \overline{x}, u) \leq$$
$$\phi(t, z, u, \theta) \leq S^{+\mathrm{T}} \overline{f}(t, \underline{x}, \overline{x}, u) - S^{-\mathrm{T}} \underline{f}(t, \underline{x}, \overline{x}, u) = \overline{\phi}(t, \underline{z}, \overline{z}, u).$$

Dans les nouvelles coordonnées, une structure d'observateur intervalle pour (3.2) est donnée par :

$$\begin{cases} \dot{\underline{z}} = S^T A(t, y, u) S \underline{z} + \underline{\phi}(t, \underline{z}, \overline{z}, u) + S^T L_{obs}(t, y, u)[y - C(t, u) S \underline{z}] \\ \\ \dot{\overline{z}} = S^T A(t, y, u) S \overline{z} + \overline{\phi}(t, \underline{z}, \overline{z}, u) + S^T L_{obs}(t, y, u)[y - C(t, u) S \overline{z}] \end{cases}. \tag{3.6}$$

En utilisant le changement de base $z = S^T x$, l'hypothèse du caractère Metzler de la matrice D, utilisée dans le théorème 26, est maintenant relaxée.

Théorème 28 *[37] On suppose que les hypothèses 23, 24, 25, 27 sont valides et que l'une des conditions suivantes est vérifiée :*

1. $|\underline{f}(t,\underline{x},\overline{x},u)| < +\infty$ *et* $|\overline{f}(t,\underline{x},\overline{x},u)| < +\infty$ *pour tout* $t \geq 0$, $||u|| \leq U$ *et tout* $\underline{x} \in \mathbb{R}^n$, $\overline{x} \in \mathbb{R}^n$ *;*
2. *pour tout* $t \geq 0$, $||x|| \leq X$, $||u|| \leq U$, $\theta \in \Theta$ *et tout* $\underline{z} \in \mathbb{R}^n$, $\overline{z} \in \mathbb{R}^n$

$$|\phi(t,z,u,\theta) - \underline{\phi}(t,\underline{z},\overline{z},u)|^2 + |\overline{\phi}(t,\underline{z},\overline{z},u) - \phi(t,z,u,\theta)|^2 \leq$$
$$\beta|z-\underline{z}|^2 + \beta|\overline{z}-z|^2 + \alpha$$

où $\alpha \in \mathbb{R}_+$, $\beta \in \mathbb{R}_+$, *et*

$$\beta I_n - S^T M_2 S + R \preceq 0,\ R = R^T \succ 0.$$

Alors les variables $\underline{x}(t)$ *et* $\overline{x}(t)$ *dans (3.2), (3.4), (3.5) sont bornées pour tout* $t > 0$ *et*

$$\underline{x}(t) \leq x(t) \leq \overline{x}(t),$$

pour $\underline{x}(0) \leq x(0) \leq \overline{x}(0)$. □

Preuve. La preuve est donnée dans [37, 36].

Ce théorème présente un observateur intervalle satisfaisant la propriété d'inclusion des états $x(t)$ pour des systèmes LTV, sans exiger explicitement le caractère Metzler de la matrice D. D'après l'hypothèse 25, seule la stabilité est nécessaire et un changement de coordonnées permet d'assurer la non négativité de l'erreur d'observation.

Une procédure itérative pour la construction de l'observateur consiste à déterminer d'abord un gain L_{obs} assurant la stabilité de l'erreur puis à calculer D_a et Δ permettant de garantir l'existence de la matrice de passage S en satisfaisant l'hypothèse 27. Ces matrices sont alors utilisées dans les équations de l'observateur (3.6).

3.3 Changements de coordonnées variant dans le temps pour des systèmes LTV

Nous avons vu dans la section précédente que sous réserve de validité des hypothèses 25 et 27, le théorème 28 permet de construire un observateur intervalle pour des systèmes variant dans le temps. Néanmoins, on ne dispose pas de méthodes génériques et systématiques pour le calcul du gain L_{obs} et du changement de coordonnées, défini par la matrice S et permettant de rendre la matrice $D(t)$ Metzler. De plus, la matrice $D(t) = A(t) - L_{obs}C(t)$ est supposée appartenir à un domaine de faible amplitude.

Dans cette section et afin de contourner cette limitation, nous allons proposer une approche originale basée sur un changement de coordonnées permettant de transformer une matrice variant dans le temps en une matrice Metzler, pour construire un observateur intervalle dédié aux systèmes LTV.

3.3.1 Formulation du problème

On considère un système LTV décrit par :

$$\begin{cases} \dot{x}(t) = A(t)x(t) + f(t) \\ y(t) = C(t)x(t) + \varphi(t) \\ x(0) \in [\underline{x}(0), \overline{x}(0)] \\ \forall t,\ f(t) \in [\underline{f}(t), \overline{f}(t)] \subset \mathbb{R}^n,\ \varphi(t) \in [\underline{\varphi}(t), \overline{\varphi}(t)] \subset \mathbb{R}^s \end{cases} \tag{3.7}$$

où $x(t) \in \mathbb{R}^n$, $y(t) \in \mathbb{R}^s$, $f(t) \in \mathbb{R}^n$ et $\varphi(t) \in \mathbb{R}^s$ représentent respectivement l'état, la sortie, une entrée inconnue mais bornée et un bruit de mesure borné.

Les techniques conventionnelles pour les systèmes LPV ([9], [3]) peuvent être utilisées pour calculer un gain $L_{obs}(t)$ satisfaisant l'hypothèse 25 et assurant la stabilité de la matrice $D(t) = A(t) - L_{obs}(t)C(t)$ dans (3.7). Le système (3.7) peut être réécrit en introduisant le gain d'observation :

$$\begin{cases} \dot{x}(t) = D(t)x(t) + \tilde{\phi}(t) \\ y(t) = C(t)x(t) + \varphi(t) \end{cases} \tag{3.8}$$

où $D(t) = A(t) - L_{obs}(t)C(t)$ et $\tilde{\phi}(t) = f(t) - L_{obs}(t)\varphi(t) + L_{obs}(t)y(t)$.

Dans la suite de cette section, nous allons proposer une nouvelle approche constructive basée sur un changement de coordonnées variant dans le temps permettant de rendre la matrice $D(t)$ Metzler dans la nouvelle base afin de construire un observateur intervalle pour le système LTV décrit par (3.7).

3.3.2 Procédure de transformation de matrices variant dans le temps en matrices Metzler

Dans ce paragraphe, nous allons montrer que toute matrice variant dans le temps peut être transformée en une matrice Metzler via un changement de coordonnées variant dans le temps. Cette méthode de transformation, basée sur les travaux [122, 123], sera utilisée par la suite pour construire un observateur intervalle pour (3.7). Pour alléger la présentation, nous n'allons pas donner les preuves des théorèmes relatifs à cette section. Le lecteur peut se référer aux références fournies. Dans la suite, une procédure constructive transformant la matrice $D(t)$ en une matrice Metzler $\Gamma(t)$ est donnée. Deux étapes successives sont nécessaires :

- un premier changement de coordonnées donné par le théorème 34 permet de transformer la matrice $D(t) = A(t) - L_{obs}C(t)$ en une matrice compagnon notée $\tilde{C}(t)$;
- un second changement de coordonnées donné par le théorème 35 transforme $\tilde{C}(t)$ en une matrice Metzler $\Gamma(t)$.

La description des principales étapes de la procédure requiert les lemmes et les définitions suivantes.

Lemme 7 *[122, 124] Deux matrices $A_1(t) \in \mathbb{R}^{n\times n}$ et $A_2(t) \in \mathbb{R}^{n\times n}$ sont dites D-similaires s'il existe une matrice $\Sigma(t) \in \mathbb{R}^{n\times n}$ telle que $det(\Sigma(t)) \equiv constant \neq 0$ et*

$$A_2(t) = \Sigma^{-1}(t)[A_1(t)\Sigma(t) - \dot{\Sigma}(t)]. \tag{3.9}$$

Toute matrice $A_1(t)$ peut se transformer en $A_2(t)$ à l'aide d'un changement de coordonnées défini par (3.9) si $tr(A_1(t)) = tr(A_2(t))$. $det(.)$ et $tr(.)$ désignent respectivement le déterminant et la trace d'une matrice carrée. □

Preuve. Le lecteur peut se référer à [122] pour la preuve.

Définition 29 *Une matrice $\hat{C}(t) \in \mathbb{R}^{n\times n}$ est sous une forme canonique compagnon si elle s'écrit sous la forme :*

$$\begin{aligned}\hat{C}(t) &= \begin{bmatrix} 0 & 1 & 0 & \cdots & 0 \\ \vdots & \ddots & \ddots & \ddots & \vdots \\ \vdots & & \ddots & \ddots & 0 \\ 0 & \cdots & \cdots & 0 & 1 \\ -\beta_1(t) & -\beta_2(t) & \cdots & \cdots & -\beta_n(t) \end{bmatrix}, \\ &= Comp\left([-\beta_1(t), -\beta_2(t), \ldots, -\beta_n(t)]\right).\end{aligned} \tag{3.10}$$

Définition 30 *(Définition 5.4 dans [122]) Une matrice $Q(t) \in \mathbb{R}^{n\times n}$ est dite Quasi-Compagnon s'il existe une matrice compagnon $\hat{C}(t) \in \mathbb{R}^{n\times n}$ et une fonction scalaire $\xi(t)$ telles que $Q(t) = \hat{C}(t) - \xi(t)I$.*

La première étape consiste à transformer la matrice $D(t)$ en une matrice compagnon $\tilde{C}(t)$. Cette transformation est assurée au travers de deux transformations successives, à savoir la transformation de $D(t)$ en une matrice quasi-compagnon $Q(t)$ et la transformation de $Q(t)$ en $\tilde{C}(t)$. Par conséquent, la transformation (3.9) est tout d'abord établie entre les matrices $D(t)$ et $Q(t)$. Elle est donnée par le lemme 8.

Définition 31 *Soient une matrice $D(t) \in \mathbb{R}^{n\times n}$ et un vecteur $b(t) \in \mathbb{R}^n$. L'opérateur $\wp_{D(t)}$ et l'orbite de la paire $(\wp_{D(t)}, b(t))$, notée $orb(\wp_{D(t)}, b(t))$, sont définis par (3.11) où $[\ldots|\ldots]$ représente l'opérateur de concaténation horizontale.*

$$\begin{aligned} \wp_{D(t)} &= D(t) - I\delta \text{ avec } \delta = d/dt, \\ orb(\wp_{D(t)}, b(t)) &= [b(t)|\wp_{D(t)}\{b(t)\}|\wp_{D(t)}\wp_{D(t)}\{b(t)\}| \\ &\quad \cdots|\wp_{D(t)}^{n-1}\{b(t)\}]. \end{aligned} \tag{3.11}$$

Lemme 8 *Soit $K(t) = orb(\wp_{D(t)}, b(t))$ où $b(t) \in \mathbb{R}^n$ est un vecteur tel que*

$$det(K(t)) = \rho(t) \neq 0 \tag{3.12}$$

et soit e_n le $n^{ème}$ vecteur colonne de la matrice identité I d'ordre n et $\hat{C}(t) = Comp\,([-\beta_1(t), -\beta_2(t), \ldots, -\beta_n(t)])$ Alors $D(t)$ peut se transformer sous une forme quasi-compagnon $Q(t)$ définie par :

$$Q(t) = L_0^{-1}(t)(D(t)L_0(t) - \dot{L}_0(t)) = \hat{C}(t) - \xi(t)I \tag{3.13}$$

où

$$L_0(t) = \rho^{-1/n}(t)K(t)H^{-1}(\beta(t)), \tag{3.14}$$

$$\beta(t) = [\beta_1(t), \beta_2(t), \ldots, \beta_n(t)], \tag{3.15}$$

$$H(\beta(t)) = orb(\wp_{\hat{C}(t)}, e_n), \tag{3.16}$$

$$\xi(t) = -\frac{1}{n}\dot{\rho}(t)\rho^{-1}(t), \tag{3.17}$$

et les fonctions $\beta_1, \ldots, \beta_n$ sont données par la proposition 32. □

Preuve. La preuve de ce lemme découle de la définition 30 et de la preuve des parties (i)-(iii) du théorème 5.4 dans [122].

Sous l'hypothèse (3.12), le lemme 8 assure l'existence d'un changement de coordonnées transformant toute matrice $D(t)$ sous une forme quasi-compagnon par le biais d'une matrice de passage $L_0(t)$. Le vecteur b peut être choisi constant ou variant dans le temps et l'expression de $L_0(t)$ est déduite en utilisant les valeurs de $\beta(t)$ données par la proposition 32.

Proposition 32 *(D'après le théorème 5.4 dans [122]) Les fonctions scalaires $\beta_i(t)$ dans $\hat{C}(t)$ et $L_0(t)$ sont calculées en résolvant l'équation (3.18), où $\wp^n_{\hat{C}}\{e_n\}$ est l'opérateur $\wp_{\hat{C}}$ défini dans (3.11) et appliqué n fois à e_n.*

$$H(\beta(t))K^{-1}(t)[D(t)K(t) - \dot{K}(t)]e_n = \wp^n_{\hat{C}}\{e_n\}. \tag{3.18}$$

□

Le lemme 8 assure l'existence d'un premier changement de coordonnées transformant la matrice $D(t)$ en une matrice quasi-compagnon $Q(t)$.

À présent, nous allons nous intéresser à la transformation de $Q(t)$ en une matrice compagnon $\tilde{C}$. Cette transformation est assurée par la proposition 33.

Proposition 33 *(D'après le théorème 5.3 dans [122]) La matrice quasi-compagnon $Q(t)$ peut se transformer en une matrice compagnon $\tilde{C}(t)$ donnée par :*

$$\begin{aligned} \tilde{C}(t) &= R_n^{-1}(\xi(t))[Q(t)R_n(\xi(t)) - \dot{R}_n(\xi(t))] \\ &= Comp\left([-\alpha_{n,1}(t), -\alpha_{n,2}(t), \ldots, -\alpha_{n,n}(t)]\right). \end{aligned} \tag{3.19}$$

où

$$R_n(\xi(t)) = \begin{bmatrix} R_{n-1}^{-1}(\xi(t)) & \mathbf{0}_{n-1,1} \\ -\gamma_{n-1}R_{n-1}^{-1}(\xi(t)) & 1 \end{bmatrix} \in \mathbb{R}^{n\times n}, \tag{3.20}$$

avec

$$\left\{ \begin{array}{c} R_1^{-1} = [1] \\ \forall n \geq 2,\ \gamma_{n-1} = [\gamma_{n-1,1}|\ \gamma_{n-1,2}|\ \cdots |\ \gamma_{n-1,n-1}] \\ \text{où } \gamma_{n-1,k} = \dot{\gamma}_{n-2,k} - \xi(t)\gamma_{n-2,k} + \\ \gamma_{n-2,k-1} \text{ pour } k = 1, \ldots, n-1 \\ \text{avec } \gamma_{j,0} = 0,\ \gamma_{j,j+1} = 1 \text{ pour } j = 0, \ldots, n-1 \end{array} \right. \tag{3.21}$$

et $\mathbf{0}_{n-1,1}$ un vecteur avec tous ses éléments nuls. □

Ainsi, la transformation de la matrice $D(t)$ en $\tilde{C}(t)$ est assurée par le théorème 34 avec $R(\xi(t)) = R_n(\xi(t))$.

Théorème 34 *La matrice de passage assurant la transformation de $D(t)$ en $\tilde{C}(t)$ est donnée par :*

$$L(t) = L_0(t)R(\xi(t)), \tag{3.22}$$

et l'expression de la matrice compagnon $\tilde{C}(t)$ est donnée par :

$$\tilde{C}(t) = L^{-1}(t)(D(t)L(t) - \dot{L}(t)) \tag{3.23}$$

□

À présent, nous allons nous intéresser à la transformation de $\tilde{C}(t)$ en une matrice Metzler $\Gamma(t)$ qui s'écrit sous la forme :

$$\Gamma(t) = \begin{bmatrix} \lambda_1(t) & 1 & \cdots & 0 \\ 0 & \lambda_2(t) & \ddots & \vdots \\ \vdots & \ddots & \ddots & 1 \\ 0 & \cdots & 0 & \lambda_n(t) \end{bmatrix}, \tag{3.24}$$

où les $\lambda_i(t)$ sont appelées les D-valeurs propres essentielles [1] (ED-eigenvalues). Les éléments $\alpha_{n,i}(t)$ de la matrice $\tilde{C}(t)$ peuvent être calculés de manière récursive en utilisant les $\lambda_i(t)$ $(i = 1, \cdots, n)$ par la relation (3.25), avec $\alpha_{k,0} = 0$ et $\alpha_{k,k+1} = 1$ pour $0 \leq k \leq n-1$ [122, 123, 124].

$$\begin{gathered} \alpha_{n,j}(t) = \dot{\alpha}_{n-1,j}(t) - \lambda_n(t)\alpha_{n-1,j}(t) + \alpha_{n-1,j-1}(t) \\ \text{pour } j = 1, \ldots, n. \end{gathered} \tag{3.25}$$

A titre d'exemple, nous donnons les expressions générales de $\alpha_{n,i}(t)$ en fonction de $\lambda_i(t)$ pour $n = 1$ et $n = 2$:

$$\begin{aligned} n = 1 \quad & \alpha_1(t) = \alpha_{1,1}(t) = -\lambda_1(t) \\ n = 2 \quad & \alpha_2(t) = [\alpha_{2,1}(t) \quad \alpha_{2,2}(t)] \\ & j = 1 \quad \alpha_{2,1}(t) = -\dot{\lambda}_1(t) + \lambda_1(t)\lambda_2(t) \\ & j = 2 \quad \alpha_{2,2}(t) = -(\lambda_1(t) + \lambda_2(t)). \end{aligned} \tag{3.26}$$

La matrice de passage assurant la similitude entre $\tilde{C}(t)$ et $\Gamma(t)$ est donnée par le théorème 35.

Théorème 35 *(Théorème 4.1 dans [122]) Toute matrice compagnon $\tilde{C}(t)$ peut être transformée en une matrice Metzler $\Gamma(t)$ (3.24) en utilisant le changement de variables donné par :*

$$\Gamma(t) = (P(t)\tilde{C}(t) + \dot{P}(t))P^{-1}(t) \tag{3.27}$$

où la matrice de passage $P(t)$ est construite d'une manière récursive par :

$$\begin{cases} P_1 = [1] \\ \vdots \\ P_n(t) = \begin{bmatrix} P_{n-1}(t) & \boldsymbol{0}_{n-1,1} \\ \alpha_{n-1}(t) & 1 \end{bmatrix} \in \mathbb{R}^{n \times n} \end{cases} \tag{3.28}$$

Le j-ème élément $\alpha_{n-1,j}(t)$ dans le vecteur ligne $\alpha_{n-1}(t)$ est défini dans (3.25) par une fonction explicite de $\lambda_1(t)$, $\lambda_2(t)$, …, $\lambda_{n-1}(t)$ et de leurs dérivées. □

1. Voir la définition 3.1 dans [122]

Proposition 36 *La transformation de $D(t)$ en une matrice Metzler $\Gamma(t)$ (3.24) est assurée par les deux matrices de passage $L(t)$ et $P(t)$, données respectivement par (3.22) et (3.28), à travers la relation suivante :*

$$\begin{aligned} \Gamma(t) &= T(t)\left(D(t)T^{-1}(t) - d(T^{-1}(t))/dt\right) \\ \text{où } T(t) &= P(t)L^{-1}(t). \end{aligned} \tag{3.29}$$

□

Preuve. La preuve de la proposition 36 est une conséquence directe des théorèmes 34 et 35 définissant respectivement le changement de variables donné par (3.23), (3.27).

Nous avons vu que toute matrice $D(t)$ variant dans le temps peut être transformée en une matrice Metzler $\Gamma(t)$ par un changement de coordonnées variant dans le temps résultant d'une procédure constructive. Cette transformation, qui est résumée par la proposition 36, est utilisée dans la sous-section suivante afin de construire un observateur intervalle pour le système (3.8).

3.3.3 Structure de l'observateur intervalle

L'objectif de ce paragraphe est de construire un observateur intervalle pour le système (3.7). Le choix du gain $L_{obs}(t)$ stabilisant la boucle $D(t) = A(t) - L_{obs}(t)C(t)$ peut être fait en se basant sur la littérature des systèmes LPV. Néanmoins, il est rare d'obtenir une matrice $D(t)$ Metzler. Dans un tel cas, nous proposons d'introduire un changement de coordonnées en utilisant les théorèmes 34, 35 et la proposition 36. Ce changement de variables, défini par $z(t) = T(t)x(t)$ avec $T(t) = P(t)L^{-1}(t)$, est appliqué au système (3.8) pour assurer la coopérativité de l'erreur d'observation. La structure de l'observateur intervalle est introduite dans le théorème 38. Partant d'un domaine $[\underline{x}(0), \overline{x}(0)]$ pour l'état initial x_0, un domaine $[\underline{z}(0), \overline{z}(0)]$ incluant $z(0)$ est calculé comme suit : $\underline{z}(0) = T^+(0)\underline{x}(0) - T^-(0)\overline{x}(0)$ et $\overline{z}(0) = T^+(0)\overline{x}(0) - T^-(0)\underline{x}(0)$. En outre, l'hypothèse 37 est nécessaire pour la conception de l'observateur intervalle proposé. Cette hypothèse est classique dans le cas des observateurs.

Hypothèse 37 *Supposons que $f(t) \in [\underline{f}(t), \overline{f}(t)]$, $\varphi(t) \in [\underline{\varphi}(t), \overline{\varphi}(t)]$, $\|y(t)\| \leq Y$ $\forall t \geq t_0$, où la constante $Y > 0$ est connue et $\underline{f}(t)$, $\overline{f}(t)$, $\underline{\varphi}(t)$, $\overline{\varphi}(t)$ sont bornées. De plus, $\exists\ M_3 \in \mathbb{R}_+$ tel que $\forall\ t \geq t_0$, $\|T(t)\| \leq M_3$, $\|T^{-1}(t)\| \leq M_3$.*

Théorème 38 *Soient un système décrit par (3.7) et T une matrice construite comme dans la section 3.3.2. Supposons que les hypothèses 25 et 37 sont satisfaites (Notons que l'hypothèse restrictive 27 n'est plus nécessaire). Alors, le système (3.30) est un observateur intervalle pour (3.8) dans la* *base $(z(t))$ tout en satisfaisant la propriété d'inclusion (3.31).*

$$\begin{cases} \dot{\underline{z}}(t) = \Gamma(t)\underline{z}(t) + \underline{\phi}_{obs}(t) + \underline{\Psi}_{obs}(t) + T_{obs}(t)y(t) \\ \dot{\overline{z}}(t) = \Gamma(t)\overline{z}(t) + \overline{\phi}_{obs}(t) + \overline{\Psi}_{obs}(t) + T_{obs}(t)y(t) \end{cases} \tag{3.30}$$

$$\underline{z}(t) \leq T(t)x(t) \leq \overline{z}(t), \ \forall t \geq t_0, \tag{3.31}$$

où $\underline{\phi}_{obs}(t) = T^+(t)\underline{f}(t) - T^-(t)\overline{f}(t)$, $T_{obs}(t) = T(t)L_{obs}(t)$, $\underline{\Psi}_{obs}(t) = T^-_{obs}(t)\underline{\varphi}(t) - T^+_{obs}(t)\overline{\varphi}(t)$, $\overline{\phi}_{obs}(t) = T^+(t)\overline{f}(t) - T^-(t)\underline{f}(t)$, $\overline{\Psi}_{obs}(t) = T^-_{obs}(t)\overline{\varphi}(t) - T^+_{obs}(t)\underline{\varphi}(t)$. *$\Gamma(t)$ est définie dans (3.24) et (3.29) et les matrices de passage $L(t)$ et $P(t)$ sont respectivement données par (3.22) et (3.28).*

□

Preuve. En utilisant le changement de coordonnées $z(t) = T(t)x(t)$ avec $T(t) = P(t)L^{-1}(t)$, nous obtenons $\dot{z}(t) = \dot{T}(t)x(t) + T(t)\dot{x}(t))$. Etant donné que $x(t) = T^{-1}(t)z(t)$, $\dot{x}(t) = D(t)x(t) + \tilde{\phi}(t)$, $dT^{-1}(t)/dt = -T^{-1}(t)\dot{T}(t)T^{-1}(t)$ et $\dot{T}T^{-1}(t) = -T(t)dT^{-1}(t)/dt$, l'équation d'état dans la nouvelle base s'écrit sous la forme :

$$\dot{z}(t) = \Gamma(t)z(t) + T(t)\tilde{\phi}(t) \tag{3.32}$$

où $\Gamma(t) = T(t)D(t)T^{-1}(t) - T(t)dT^{-1}(t)/dt$.

Notons par $\overline{\tilde{z}}(t) = \overline{z}(t) - z(t)$ l'erreur supérieure décrite par :

$$\begin{aligned} \dot{\overline{\tilde{z}}}(t) &= \Gamma(t)\overline{z}(t) + \overline{\phi}_{obs}(t) + \overline{\Psi}_{obs}(t) + T_{obs}(t)y(t) \\ &- \Gamma(t)z(t) - T(t)\tilde{\phi}(t) \end{aligned} \tag{3.33}$$

Par construction, le terme $\overline{\phi}_{obs}(t) + \overline{\Psi}_{obs}(t) + T_{obs}(t)y(t) - T(t)\tilde{\phi}(t)$ est non négatif et la matrice $\Gamma(t)$ est Metzler. En utilisant le théorème 2 (page 15), la borne supérieure de l'erreur d'observation vérifie $\overline{\tilde{z}}(t) \geq 0, \ \forall t \geq t_0$ à condition que $\overline{\tilde{z}}(t_0) \geq 0$. Ainsi, nous pouvons conclure que $\overline{z}(t) \geq z(t), \forall t \geq t_0$. La même démarche peut être utilisée pour prouver que $z(t) \geq \underline{z}(t), \forall t \geq t_0$. Par conséquent, nous avons :

$$\underline{z}(t) \leq z(t) \leq \overline{z}(t) \ \ \forall t \geq t_0.$$

Pour étudier la stabilité de l'observateur intervalle proposé, il est à noter que les deux équations dans (3.30) sont découplées. Ainsi, la stabilité de chaque variable $\underline{z}$ et $\overline{z}$ peut être étudiée séparément. Considérons la variable $\overline{z}$ (la même démarche peut être appliquée à $\underline{z}$) dont la dynamique peut être réécrite comme suit :

$$\begin{aligned} \dot{\overline{z}} &= \Gamma(t)\overline{z} + \overline{d}(t), \\ \overline{d}(t) &= \overline{\phi}_{obs}(t) + \overline{\Psi}_{obs}(t) + T_{obs}(t)y(t). \end{aligned}$$

D'après les hypothèses 25 et 37, il existe une constante $\overline{\delta} > 0$ telle que $|\overline{d}(t)| \leq \overline{\delta}$ pour tout $t \geq 0$. Définissons la matrice $\Xi(t) = [T^{-1}(t)]^T M_1(t) T^{-1}(t)$. Cette matrice est bornée si T^{-1} et M_1 le sont aussi. Alors, $\xi_1 I \preceq \Xi(t) \preceq \xi_2 I$ pour $\xi_1, \xi_2 > 0$. Considérons la fonction de Lyapunov $W(t, \overline{z}) = \overline{z}^T \Xi(t) \overline{z}$ dont la dérivée peut s'écrire sous la forme (après un développement et une simplification de $\dot{W}$ en introduisant l'expression $d(T^{-1})/dt = DT^{-1} - T^{-1}\Gamma$ obtenue par (3.29)) :

$$\dot{W} = \overline{z}^T \Upsilon(t) \overline{z} + 2\overline{z}^T \Xi(t) \overline{d}(t),$$

avec

$\Upsilon(t) = [T^{-1}(t)]^T \{\dot{M}_1(t) + D^T(t) M_1(t) + M_1(t) D(t)\} T^{-1}(t)$. En se basant sur l'hypothèse 25, il existe une matrice constante symétrique définie positive Θ telle que $\Upsilon(t) \preceq -\Theta$. Alors,

$$\dot{W} \leq -\overline{z}^T \Theta \overline{z} + 2\overline{z}^T \Xi(t) \overline{d}(t).$$

Puisque Θ est symétrique, $\Theta = \Theta^{0.5}\Theta^{0.5}$ et

$$\begin{aligned} 2\overline{z}^T \Xi(t) \overline{d} &= 2\overline{z}^T \Theta^{0.5} \frac{\sqrt{2}}{\sqrt{2}} \Theta^{-0.5} \Xi(t) \overline{d} \\ &\leq 0.5\overline{z}^T \Theta \overline{z} + 2\overline{d}^T \Xi^T(t) \Theta^{-1} \Xi(t) \overline{d}. \end{aligned}$$

Par conséquent,

$$\begin{aligned} \dot{W} &\leq -0.5\overline{z}^T \Theta \overline{z} + 2\overline{d}^T \Xi^T(t) \Theta^{-1} \Xi(t) \overline{d} \\ &\leq -0.5\lambda_{\min}(\Theta) \xi_2^{-1} W + \frac{2}{\lambda_{\min}(\Theta)} \xi_2^2 \overline{\delta}^2. \end{aligned}$$

La bornitude de W implique alors celle de $\overline{z}$.

Corollaire 3 *Sous les hypothèses du théorème 38, les bornes supérieure et inférieure de l'état $x(t)$ dans la base de départ sont données par (3.34) et la propriété d'inclusion (3.35) est vérifiée :*

$$\begin{cases} \overline{x}(t) = (T^{-1}(t))^+ \overline{z}(t) - (T^{-1}(t))^- \underline{z}(t) \\ \underline{x}(t) = (T^{-1}(t))^+ \underline{z}(t) - (T^{-1}(t))^- \overline{z}(t) \end{cases} \tag{3.34}$$

$$\underline{x}(t) \leq x(t) \leq \overline{x}(t), \quad \forall t \geq t_0 \tag{3.35}$$

□

Preuve. En utilisant le changement de coordonnées $z(t) = T(t)x(t)$, nous avons $x(t) = T^{-1}(t)z(t)$. En effet, il a été prouvé dans [109] que $det(P(t)) = 1 \neq 0$, $det(L(t)) = (-1)^{n-1} \neq 0$ et la matrice $T(t)$ est alors inversible. En appliquant le lemme 5 au terme $x(t) = T^{-1}(t)z(t)$ et en se basant sur l'inégalité (3.31), nous concluons à la validité des relations (3.34) et (3.35).

Il faut noter que si la dimension du vecteur d'état x n'est pas trop élevée, il est possible de calculer les paramètres α_i, β_i et λ_i en résolvant les équations différentielles ordinaires (3.18) et (3.25). Les théorèmes 34-35 et la proposition 36 offrent alors la possibilité de construire des changements de coordonnées permettant de transformer toute matrice variant dans le temps en une matrice Metzler par le biais de laquelle il est possible de construire un obervateur intervalle sans exiger aucune hypothèse supplémentaire par rapport aux observateurs classiques. Ce résultat [114] représente une avancée importante par rapport aux travaux récents [37]. Lorsque la dimension de x est élevée, il est alors nécessaire d'utiliser des solveurs et l'expression de T peut devenir assez complexe.

3.3.4 Mise en oeuvre

Le choix d'un vecteur b satisfaisant la condition (3.12) représente l'une des étapes importantes dans la construction du changement de coordonnées variant dans le temps décrit dans le paragraphe 3.3.2. Ce vecteur peut être choisi constant ou variant dans le temps. Pour simplifier la mise en oeuvre pratique, b peut être choisi constant. Nous proposons dans la suite de ce paragraphe une démarche simple permettant de calculer b constant.

Soit une fonction scalaire $\rho(t) = det(orb(\wp_{D(t)}, b)) = \rho(D(t), b)$ et un vecteur $\theta(t)$ représentant les paramètres inconnus de $D(t)$ i.e. $D(t) = D(\theta(t))$ où $\theta(t) \in [\underline{\theta},\ \overline{\theta}]$ et les bornes $\underline{\theta}$, $\overline{\theta}$ sont supposées connues. La condition $\rho(t) = \rho(\theta(t), b) \neq 0$ peut être exprimée sous la forme $\rho(\theta(t), b) > 0 \vee \rho(\theta(t), b) < 0$. En tenant compte des bornes supérieure $\overline{\theta}$ et inférieure $\underline{\theta}$ de $\theta(t)$, cette condition peut être réécrite comme suit :

$$\underline{\rho}(\overline{\theta}, \underline{\theta}, b) > 0 \ \vee \ \overline{\rho}(\overline{\theta}, \underline{\theta}, b) < 0 \tag{3.36}$$

où $\overline{\rho}$ et $\underline{\rho}$ sont respectivement les bornes supérieure et inférieure de $\rho(t)$. La caractérisation de l'ensemble de toutes les valeurs de b satisfaisant (3.36) peut s'effectuer d'une manière garantie en utilisant des outils issus de l'analyse par intervalles et de la propagation de contraintes comme SIVIA (Set Inversion Via Interval Analysis) [58]. Dans le cas où $n = 2$: $D(\theta(t)) = \begin{bmatrix} d_{11}(\theta(t)) & d_{12}(\theta(t)) \\ d_{21}(\theta(t)) & d_{22}(\theta(t)) \end{bmatrix}$, $b = [b_1,\ b_2]^T$ $\rho(\theta(t), b) = det(orb(\wp_{D(t)}, b(t))) = d_{21}(\theta(t)){b_1}^2 + (d_{22}(\theta(t)) - d_{11}(\theta(t)))b_1 b_2 - d_{12}(\theta(t))b_2^2$. Le solveur RealPaver [50] a été utilisé dans cet exemple pour résoudre les contraintes non linéaires (3.37).

$$\begin{aligned} &\underline{\rho}(\theta(t),b) = \underline{d}_{21}{b_1}^2 + (\underline{d}_{22} - \overline{d}_{11})b_1b_2 - \overline{d}_{12}b_2^2 > 0 \\ \vee\ &\overline{\rho}(\theta(t),b) = \overline{d}_{21}{b_1}^2 + (\overline{d}_{22} - \underline{d}_{11})b_1b_2 - \underline{d}_{12}b_2^2 < 0 \end{aligned} \tag{3.37}$$

où $\underline{d}_{ij} = d_{ij}(\underline{\theta})$ et $\overline{d}_{ij} = d_{ij}(\overline{\theta})$ pour $i, j = \{1, 2\}$. Notons qu'une démarche similaire permet d'obtenir b dans le cas où $n > 2$.

3.4 Exemple numérique

Pour illustrer les performances de l'approche proposée et faire la comparaison avec les résultats obtenus en appliquant la méthode donnée dans la section 3.2, nous allons considérer l'exemple présenté dans [37]. Le système LTV est décrit par :

$$\begin{aligned} &\dot{x} = A(t)x + f(t),\ y = x_2, \\ &A(t) = \begin{bmatrix} -0.632 - 0.8\sin(t) & 0.5\cos(3t) \\ -0.7\cos(2t) & 0.3\sin(t) \end{bmatrix}, \\ &\begin{bmatrix} -0.1 \\ -0.4 \end{bmatrix} = \underline{f} \leq f(t) \leq \overline{f} = \begin{bmatrix} 0.3 \\ 0.6 \end{bmatrix}. \end{aligned} \tag{3.38}$$

Le système (3.38) est simulé avec une entrée inconnue mais bornée $f(t) = [0.1+0.2sin(0.5t), 0.1+0.5cos(1.5t)]^{\mathrm{T}}$. Néanmoins, pour l'observateur intervalle, seules les bornes $\underline{f}$ et $\overline{f}$ sont supposées connues. Le système (3.38) n'est ni stable ni coopératif. En utilisant le gain $L_{obs} = [0, 4.368]^{\mathrm{T}}$, la matrice $D(t) = A(t) - L_{obs}C$ devient stable.

3.4.1 Méthode présentée dans [37]

L'hypothèse 23 est satisfaite sur une durée finie. Pour $L_{obs} = [0, 4.368]^{\mathrm{T}}$, la matrice $D(t) = A(t) - L_{obs}C$ permet d'assurer les conditions de l'hypothèse 25 avec $0.01I_2 \leq M_1(t) \leq I_2$ et $M_2 = 0.1I_2$. Enfin, l'hypothèse 27 est vérifiée pour :

$$\begin{aligned} D_a &= \begin{bmatrix} -0.632 & 0 \\ 0 & -4.368 \end{bmatrix}, \Delta = \begin{bmatrix} 0.8 & 0.8 \\ 0.8 & 0.8 \end{bmatrix}, \\ R &= \begin{bmatrix} -2 & 1.8 \\ 1.8 & -3 \end{bmatrix}, S = \begin{bmatrix} 0.796 & -0.605 \\ 0.605 & 0.796 \end{bmatrix}. \end{aligned}$$

Ainsi, toutes les conditions du théorème 28 sont valides. Les résultats de simulation sont présentés sur la figure 3.1. La largeur du domaine du vecteur d'état dépend de l'incertitude sur l'entrée incertaine $b(t)$.

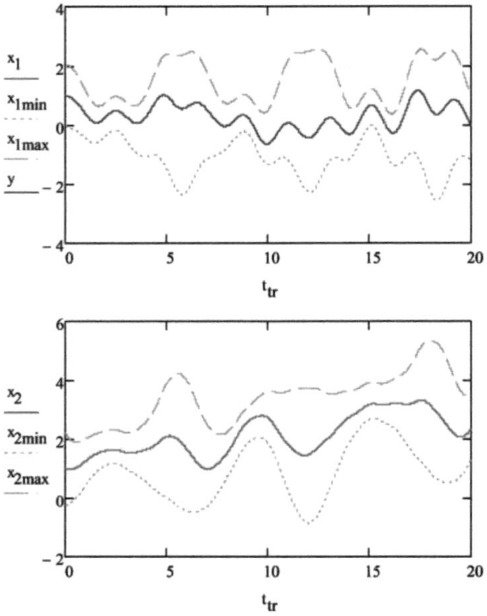

FIGURE 3.1 – Résultats de simulation : bornes obtenues à l'aide de l'observateur intervalle pour systèmes LTV décrit dans la section 3.2 [37]

3.4.2 Méthode proposée

En introduisant le gain d'observation $L_{obs} = [0, 4.368]^{\mathrm{T}}$, la matrice $D(t)$ devient stable. Les théorèmes 34-35 et la proposition 36 sont alors utilisés afin de transformer la matrice $D(t)$ en une matrice Metzler $\Gamma(t)$.

Commençons d'abord par calculer la matrice de passage (3.22). On cherche un vecteur $b = [b_1, b_2]^T$ satisfaisant (3.12). L'orbite de $(\wp_{D(t)}, b)$ est donnée par :

$$orb(\wp_{D(t)}, b) = K(t) = \begin{bmatrix} b_1 & d_{11}b_1 + d_{12}b_2 \\ b_2 & d_{21}b_1 + d_{22}b_2 \end{bmatrix}, \tag{3.39}$$

où $d_{11} = -0.632 - 0.8\theta_1(t)$, $d_{12} = 0.5\theta_2(t)$, $d_{21} = -0.7\theta_3(t)$ et $d_{22} = -4.368 + 0.3\theta_1(t)$, avec $[\theta_1(t),\ \theta_2(t),\ \theta_3(t)]^T = \theta(t) = [sin(t),\ cos(3t),\ cos(2t)]^T$. $\underline{\theta} = [-1,\ -1,\ -1]$ et $\overline{\theta} = [1,\ 1,\ 1]$.

La contrainte utilisée pour déterminer b est $\rho(\theta(t), b) = d_{21}{b_1}^2 + (d_{22} - d_{11})b_1b_2 - d_{12}b_2^2 > 0$. Elle est équivalente à $\underline{\rho}(\underline{\theta}, \overline{\theta}, b) = -0.7b_1^2 - 4.836b_1b_2 - 0.5b_2^2 > 0$. L'ensemble des valeurs admissibles de b, déterminé par Realpaver, est tracé sur la figure 3.2. Nous avons alors sélectionné $b = [-0.2133 \quad 1]^T$, ce qui satisfait la condition (3.12).

D'après (3.39), nous obtenons :

$$K(t) = \begin{bmatrix} -0.2133 & \frac{1}{2}\cos(3t) + 0.1706\sin(t) + 0.1348 \\ 1 & 0.1493\cos(2t) + 0.3\sin(t) - 4.368 \end{bmatrix}. \tag{3.40}$$

En se basant sur les expressions de $\hat{C}(t)$ et e_2 (3.41), les matrices $H(t)$ et $H^{-1}(t)$ sont données par (3.42).

$$\hat{C}(t) = \begin{bmatrix} 0 & 1 \\ -\beta_1(t) & -\beta_2(t) \end{bmatrix}, \quad e_2 = \begin{bmatrix} 0 \\ 1 \end{bmatrix}. \tag{3.41}$$

$$H(t) = \begin{bmatrix} 0 & 1 \\ 1 & -\beta_2(t) \end{bmatrix}, \quad H^{-1}(t) = \begin{bmatrix} \beta_2(t) & 1 \\ 1 & 0 \end{bmatrix}. \tag{3.42}$$

En utilisant (3.40), $\xi(t)$, définie dans (3.17), est obtenue. Les fonctions $\beta_1(t)$ et $\beta_2(t)$ sont déterminées en réécrivant l'équation (3.18) sous la forme :

$$\begin{aligned} \begin{bmatrix} E_1(t) \\ E_2(t, \beta_2(t)) \end{bmatrix} &= \begin{bmatrix} -\beta_2(t) \\ \beta_2^2(t) - \beta_1(t) + \dot{\beta}_2(t) \end{bmatrix}, \\ &= H(t)K^{-1}(t)(D(t)K(t) - \dot{K}(t))e_2. \end{aligned} \tag{3.43}$$

La résolution de (3.43) permet alors d'obtenir :

$$\begin{aligned} \beta_2(t) &= -E_1(t), \\ \beta_1(t) &= \beta_2^2(t) + \dot{\beta}_2(t) - E_2(t, \beta_2(t)). \end{aligned} \tag{3.44}$$

Ainsi, en se basant sur (3.40), (3.42), (3.44) et en évaluant (3.14), l'expression de $L_0(t)$ est obtenue, et d'après (3.21) nous avons

$$R_2(\xi(t)) = \begin{bmatrix} R_1^{-1} & 0 \\ -\gamma_1 R_1^{-1} & 1 \end{bmatrix} = \begin{bmatrix} 1 & 0 \\ \xi(t) & 1 \end{bmatrix}.$$

En utilisant $L_0(t)$ et $R(\xi(t))$, la matrice de passage permettant de transformer $D(t)$ en $\tilde{C}(t)$ est alors calculée par (3.22). Ensuite, la matrice compagnon $\tilde{C}(t)$ est déterminée à l'aide de la relation (3.23) ce qui permet d'obtenir les expressions de $\alpha_1(t)$ et $\alpha_2(t)$.

Enfin, la matrice de passage $P(t)$ assurant la transformation de $\tilde{C}(t)$ en une matrice Metzler $\Gamma(t)$ est calculée comme suit :

$$P(t) = \begin{bmatrix} 1 & 0 \\ \alpha_1(t) & 1 \end{bmatrix}$$

où $\alpha_1(t) = \alpha_{1,1}(t) = -\lambda_1(t)$ (en utilisant la relation (3.25) avec $n = j = 1$).

En utilisant l'équation (3.26) pour $n = 2$, nous avons $\dot{\lambda}_1(t) = -\alpha_{2,1}(t) + \lambda_1(t)\lambda_2(t)$. Etant donné que $\lambda_2(t) = -\lambda_1(t) - \alpha_{2,2}(t)$ il vient $\dot{\lambda}_1(t) = -\lambda_1^2(t) - \alpha_{2,2}(t)\lambda_1(t) - \alpha_{2,1}(t)$. La valeur de $\lambda_1(t)$ est obtenue en effectuant une intégration numérique de cette dernière équation différentielle, ce qui permet aussi d'évaluer la matrice $P(t)$. Notons ici que $\lambda_2(t)$ est calculée en utilisant l'expression $\lambda_2(t) = -\lambda_1(t) - \alpha_{2,2}(t)$ permettant ainsi de déduire la matrice $\Gamma(t)$.

Rappelons que le système considéré est instable. Ainsi, la méthode proposée est évaluée dans un cas défavorable. Les simulations ont montré que la matrice de passage $T(t)$ reste bornée pour tout $t \geq 0$. Les résultats entre $t = 0$ et $t = 20$ de l'observateur intervalle proposé dans la section 3.3 sont illustrés par la figure 3.3 pour les états $x_1(t)$ et $x_2(t)$. Sur la même figure, nous avons également tracé les bornes du vecteur d'état estimées à l'aide de l'observateur proposé dans [115].

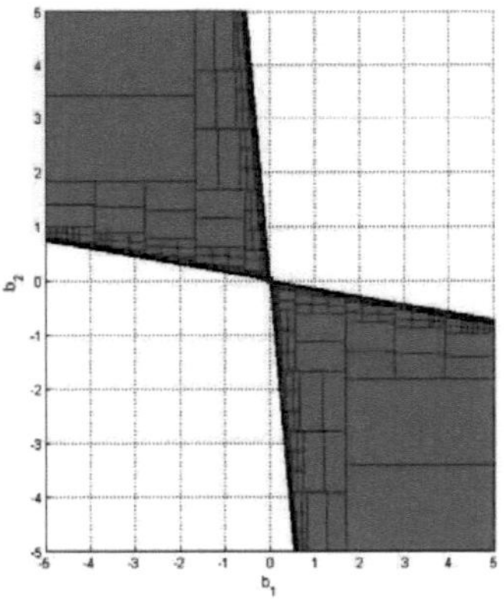

FIGURE 3.2 – Domaine des valeurs admissibles de b

Les résultats des simulations montrent que les trois observateurs permettent de déterminer des bornes garanties pour le vecteur d'état. Néanmoins, l'observateur présenté dans la section 3.3 génère de meilleurs résultats en ce qui concerne la largeur des domaines estimés.

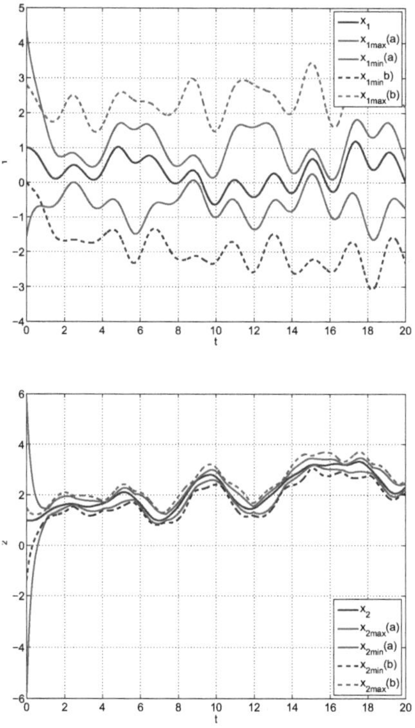

FIGURE 3.3 – Résultats de simulations : ((a) : bornes estimées à l'aide de la méthode originale présentée dans la section 3.3 [114], (b) : résultats issus de la méthode [115])

3.5 Conclusion

Dans ce chapitre, nous nous sommes intéressés au problème de synthèse d'observateurs intervalles pour des systèmes linéaires variants dans le temps. Nous avons d'abord présenté des techniques récentes qui ont permis de relaxer les conditions de coopérativité en utilisant des changements de coordonnées. Nous nous sommes intéressés en particulier à l'approche développée dans [37] où la construction du gain d'observation et de la matrice de passage est effectuée d'une manière itérative.

Dans la deuxième partie de ce chapitre, nous avons présenté une contribution méthodologique qui consiste à déterminer un changement de base variant dans le temps transformant $A(t) - L_{obs}(t)C(t)$ en une matrice Metzler. L'avantage de cette technique est que les calculs du gain L_{obs} et de la matrice de passage, pour lesquels on dispose d'une méthode de construction, sont indépendants. Ainsi, des techniques classiques pour des systèmes LPV peuvent être utilisées pour calculer le gain L_{obs} assurant la stabilité de $A(t) - L_{obs}(t)C(t)$.

Dans les chapitres suivants, nous verrons comment les techniques de synthèse d'observateurs intervalles que nous avons développées permettent d'aborder le cas de systèmes non linéaires et peuvent être utilisées pour la mise en place de tests ensemblistes destinés à la surveillance des systèmes non linéaires à incertitudes bornées continus.

Chapitre 4

Application de méthodes ensemblistes pour la détection de défauts des systèmes non linéaires (NL) à incertitudes bornées continus

4.1 Introduction

De façon générale, le diagnostic à base de modèle fait appel à la redondance analytique, c'est-à-dire à l'exploitation de relations entre les grandeurs mesurées et estimées. Les termes "défaut", "panne" ou "défaillance" sont souvent utilisés pour faire référence à tout phénomène anormal affectant le comportement du système surveillé, qui peut être d'origine externe (lié à l'environnement dans lequel le système évolue) ou interne (lié à la modification des caractéristiques d'une ou plusieurs composantes du système). La littérature sur ce sujet est abondante et de nombreuses méthodes de diagnostic ont été proposées depuis presque quatre décennies. Une revue de celles-ci peut être obtenue via par exemple les ouvrages [13], [20], [31], et les articles de synthèse récents [54], [55]. Depuis les premiers filtres détecteurs publiés au début des années soixante-dix, ce champ scientifique a fait l'objet de beaucoup de développements en termes de synthèse des filtres de diagnostic, intégrant des spécifications de performance et des contraintes de robustesse, et également en termes de modèles utilisés pour la synthèse. Par exemple, pour les systèmes aéronautiques, le lecteur intéressé pourra se référer à [125]. L'article de synthèse [17] propose une revue des techniques de diagnostic pour les systèmes non linéaires.

L'objet de ce chapitre est d'étudier l'application des observateurs intervalles au problème de détection de défauts des systèmes non linéaires à incertitudes bornées (NL-IB). Ici, le terme défaut, ou anomalie de comportement, correspond à une incohérence de fonctionnement qui pourrait être constatée dans le comportement du système. Comme nous le verrons, la procédure de détection est basée sur l'invalidation du modèle de bon fonctionnement. La présence des non linéarités conduit souvent à une complexité des techniques de détection et il n'existe pas d'approche unifiée pour traiter le cas des systèmes non linéaires comme dans le cas linéaire [17]. La première étape de l'approche employée ici consiste d'abord à transformer le modèle non linéaire en un modèle LPV dans un contexte ensembliste, afin d'utiliser les techniques de synthèse d'observateurs intervalles décrites dans les chapitres précédents pour cette classe de modèles. L'objectif poursuivi est que le pessimisme issu de la transformation du modèle non linaire de départ puisse être compensée par un meilleur compromis entre le temps de calcul et la propagation des incertitudes bornées, tout en assurant des propriétés de stabilité aux observateurs ensemblistes obtenus. Comme nous l'avons déjà mentionné au chapitre 2, il existe différentes approches pour représenter un système non linéaire par une forme LPV. Les techniques classiques pour réaliser cette transformation sont rappelées dans l'annexe A. La plupart de ces techniques sont basées sur des approximations qui conduisent par conséquent à une perte d'informations.

Dans ce chapitre, nous commençons par rappeler une technique de transformation garantie qui consiste à étendre la méthode de la Jacobienne en utilisant l'arithmétique des intervalles [117]. Ensuite, nous proposons une méthodologie permettant la transformation d'une classe générale de modèles non linéaires à incertitudes bornées (NL-IB) en modèles linéaires à paramètres variants et incertitudes bornées (LPV-IB). L'inclusion de toutes les trajectoires spécifiées par le modèle NL-IB à l'aide du modèle LPV-IB est garantie sur un domaine de validité préalablement fixé. Cette méthode est inspirée de la transformation polytopique en utilisant des formes affines centrées. En utilisant cette dernière approche, la classe de modèles LPV retenue permet la mise en oeuvre directe de l'observateur intervalle que nous avons développé au deuxième chapitre dans la section 2.5.5. Dans la deuxième partie de ce chapitre, en se basant sur cet observateur, nous développons un test ensembliste permettant la détection d'incohérences par rapport au modèle NL-IB initial.

Cette méthodologie de détection de défauts est ensuite illustrée à l'aide d'un modèle non linéaire représentant la dynamique longitudinale d'un avion.

4.2 Approximations q-LPV/LPV garanties d'un modèle non linéaire

4.2.1 Approximations q-LPV garanties : Méthode de la Jacobienne

La méthode de la Jacobienne présentée dans l'annexe A est relativement simple à mettre en œuvre. Néanmoins, le modèle q-LPV obtenu ne représente qu'une approximation du comportement du modèle non linéaire. Cette approximation peut être une source de fausses alarmes lors de la mise en œuvre des procédures de surveillance. Pour éviter ce problème de perte d'informations, cette technique peut être rendue garantie en appliquant des outils ensemblistes [98].

Dans ce paragraphe, nous rappelons une technique qui consiste à élaborer une méthodologie permettant de transformer un modèle non linéaire en un modèle q-LPV à incertitudes bornées. De plus, la trajectoire du modèle non linéaire est encadrée avec certitude par l'ensemble des trajectoires admissibles du modèle q-LPV. Cette approche est basée sur une linéarisation garantie autour d'un domaine de fonctionnement et non pas autour d'un point d'équilibre. L'approximation q-LPV proposée est réalisée à l'aide de l'analyse par intervalles [84, 51]. Pour illustrer cette technique, nous allons commencer par le cas des systèmes autonomes et ensuite nous présenterons le cas des systèmes non autonomes.

Systèmes non linéaires autonomes

Soit un système non linéaire autonome décrit par :

$$\dot{x} = f(x), \tag{4.1}$$

avec $f : \mathbb{R}^n \longrightarrow \mathbb{R}^n$, une fonction différentiable, et $x \in [x]$, où $[x]$ est un domaine englobant l'ensemble des états possibles. Etant donné un tel domaine supposé initialement connu, on cherche à caractériser l'évolution temporelle des trajectoires possibles issues de ce domaine. Dans ce paragraphe, une linéarisation garantie du modèle non linéaire (4.1) est effectuée. L'approche présentée est basée sur la fonction d'inclusion moyenne reposant sur le théorème des accroissements finis.

Définition 39 *La fonction intervalle*

$$[f_c]([x]) \triangleq f(x_c) + [J_f]([x])([x] - x_c) \tag{4.2}$$

est une fonction d'inclusion centrée de f appelée aussi fonction d'inclusion moyenne où $x_c \in [x]$ est souvent choisi comme étant le centre de l'intervalle $[x]$.

On trouve dans la littérature des fonctions d'inclusions centrées plus précises que (4.2) décrites par [51] :

$$[f]([x]) \triangleq f(x_c) + [g]([x] - x_c), \tag{4.3}$$

où $[g]$ est une fonction d'inclusion pour une fonction g qui n'est pas nécessairement la Jacobienne de f. Pour plus de détails, le lecteur peut se référer à [66, 92, 51].

En utilisant la fonction d'inclusion moyenne de f, on a :

$$f(x) \in f(x_c) + [J_{f_x}]([x])(x - x_c), \forall x \in [x],$$

où $[J_{f_x}]$ est la fonction d'inclusion de la Jacobienne de f définie par $J_{f_x} = \frac{\partial f(x)}{\partial x}$ et $x_c \in [x]$. Ainsi, pour tout $x \in [x]$, il existe une matrice $A \in [J_f]$ telle que :

$$f(x) - f(x_c) = A(\hat{x})(x - x_c), \ \hat{x} \in [x].$$

En posant le changement de variable $\xi = x - x_c$, on obtient :

$$\begin{cases} \dot{\xi} = A(\hat{x})\xi \\ A(\hat{x}) \in [J_{f_x}], \ \forall x \in [x], \ \xi \in [x] - x_c \end{cases} \tag{4.4}$$

$$\dot{x}_c = f(x_c) \tag{4.5}$$

Etant donné que $A \in [J_{f_x}]$, $\forall x \in [x]$, alors d'après le principe fondamental de l'analyse par intervalles, le modèle (4.4) est une linéarisation garantie de (4.1) autour de x_c.

Systèmes non linéaires non autonomes

Soit un système non linéaire non autonome décrit par :

$$\dot{x}(t) = f(x(t), u(t)), \tag{4.6}$$

avec $f : \mathbb{R}^n \times \mathbb{R}^m \longrightarrow \mathbb{R}^n$, une fonction différentiable, et $x \in [x]$, $u \in [u]$. On note $\rho(t) = (x^T(t), u^T(t))^T$. La linéarisation garantie de (4.6) est obtenue en utilisant la fonction d'inclusion moyenne de f [117] :

$$f(\rho) \in f(x_c, u_c) + [J_{f_x}]([\rho])(x - x_c) + [J_{f_u}](\rho])(u - u_c),$$

où $[J_{f_x}]$ et $[J_{f_u}]$ sont les fonctions d'inclusion des Jacobiennes définies par :

$$J_{f_x} = \frac{\partial f}{\partial x}, \qquad J_{f_u} = \frac{\partial f}{\partial u}.$$

Ainsi, pour tout $\rho \in [\rho] = [x] \times [u]$, il existe des matrices $A \in [J_{f_x}]$ et $B \in [J_{f_u}]$, telles qu'en posant les changements de variables $\xi(t) = x(t) - x_c$ et $\mu(t) = u(t) - u_c$, on obtient :

$$\begin{cases} \dot{\xi}(t) = A(\rho(t))\xi(t) + B(\rho(t))\mu(t) \\ \rho(t) \in [\rho] \end{cases}. \tag{4.7}$$

$$\dot{x}_c = f(x_c, u_c) \tag{4.8}$$

Le modèle (4.7) est une linéarisation garantie de (4.6) sur le domaine $[x] \times [u]$. Cette approche est une extension de la méthode de la Jacobienne aux intervalles. Elle présente l'avantage d'être garantie, mais en introduisant des incertitudes paramétriques pour inclure l'influence des non linéarités.

4.2.2 Transformation garantie d'un modèle NL-IB en modèle LPV-IB par variables de prémisses et fonctions d'inclusion affines

Dans le paragraphe précédent, nous avons rappelé une méthodologie de transformation basée sur une linéarisation garantie autour d'un domaine de fonctionnement. Cette technique rend la méthode de la Jacobienne garantie tout en appliquant des outils ensemblistes. Dans ce paragraphe, une méthodologie générique de transformation d'un modèle dynamique non linéaire à incertitudes bornées (NL-IB) en un modèle dynamique linéaire à paramètres variants avec incertitudes bornées (LPV-IB) est proposée. L'introduction de variables de prémisses (de manière assez analogue aux techniques de transformations polytopiques [65]) et la mise en oeuvre de fonctions d'inclusion affines ont pour objet la réduction du pessimisme par une prise en compte des dépendances paramétriques tout au long du processus de transformation NL-IB vers LPV-IB. Cette transformation vise à fournir un modèle LPV-IB à la fois compatible avec les techniques de synthèse d'observateurs intervalles développées dans les chapitres 2 et 3 et garantissant l'inclusion des trajectoires spécifiées par le modèle NL-IB initial. Dans un contexte de détection de défauts, cette garantie d'inclusion permet d'éviter [1] les fausses alarmes. Elle est obtenue en raisonnant sur un domaine de validité spécifié de manière explicite.

Considérons le modèle dynamique non linéaire NL-IB suivant :

$$\text{NL-IB} : \begin{cases} \dot{x}(t) = f(x(t), u(t), d(t)), \\ y(t) = Cx(t) + Fw(t), \end{cases} \tag{4.9}$$

où $\forall t$, $x(t) \in \mathbb{R}^{n_x}$, $u(t) \in \mathbb{R}^{n_u}$, $y(t) \in \mathbb{R}^{n_y}$, $d(t) \in \mathcal{D}_d = [-1, +1]^{n_d}$ et $w(t) \in \mathcal{D}_w = [-1, +1]^{n_w}$ désignent respectivement le vecteur d'état, le vecteur d'entrée, le vecteur de sortie, le vecteur des

1. sous réserve de validité du modèle NL-IB initial.

perturbations inconnues mais bornées, et un vecteur décrivant un bruit de mesure borné. L'état initial appartient à un domaine supposé connu et inclus dans un domaine de validité $\mathcal{D}_x = \mathcal{D}_x^c \pm \mathcal{D}_x^r$ ($= [\underline{\mathcal{D}_x}, \overline{\mathcal{D}_x}]$ en fonction des bornes inférieures et supérieures) : $x(0) \in x^c(0) \pm x^r(0) \subset \mathcal{D}_x$, où $\pm$ est un opérateur permettant de décrire un intervalle sous forme centrée [2]. f est une fonction (champ de vecteur) continue non linéaire assurant l'existence d'une unique trajectoire solution du modèle NL-IB (4.9) pour chacun des scénarios possibles parmi l'ensemble de ceux spécifiés.

L'objectif de ce paragraphe consiste à transformer le modèle NL-IB (4.9) en un modèle LPV-IB de la forme (4.10)-(4.13) de telle sorte que la propriété d'inclusion (4.14) reste satisfaite sur tout le domaine de validité spécifié :

$$\text{LPV-IB :} \begin{cases} \dot{x}(t) = A(\rho(t))x(t) + B(\rho(t))u(t) + E(t)v(t) + \kappa(t), \\ y(t) = Cx(t) + Fw(t), \end{cases} \tag{4.10}$$

$$\forall t,\ \rho(t) \in \mathcal{D}_\rho = [-1, +1]^{n_\rho},\ v(t) \in \mathcal{D}_v = [-1, +1]^{n_v}, \tag{4.11}$$

$$A(\rho(t)) = A_0 + \textstyle\sum_{l=1}^{n_\rho} A_l \rho_l(t)\ \in \mathbb{R}^{n_x \times n_x}, \tag{4.12}$$

$$B(\rho(t)) = B_0 + \textstyle\sum_{l=1}^{n_\rho} B_l \rho_l(t)\ \in \mathbb{R}^{n_x \times n_u}, \tag{4.13}$$

$$\begin{aligned} &\forall t,\ \forall (x, d) \in \mathcal{D}_x \times \mathcal{D}_d,\ \exists (\rho, v) \in \mathcal{D}_\rho \times \mathcal{D}_v, \dots \\ &f(x, u, d) = A(\rho)x + B(\rho)u + Ev + \kappa. \end{aligned} \tag{4.14}$$

LPV-IB (4.10) est un modèle qLPV (quasi-LPV) dans la mesure où $\rho(t)$ peut éventuellement dépendre de $x(t)$. Les matrices A_l, B_l ($l = 0, \dots, n_\rho$), $E(t)$ et le vecteur $\kappa(t)$ doivent être connus à chaque instant t et constituent le résultat de la transformation de modèle NL vers LPV recherchée. $E(t)$ et $\kappa(t)$ peuvent s'exprimer en fonction de $u(t)$ qui est connu à l'instant t. Le choix de structurer $A(\rho(t))$ et $B(\rho(t))$ sous une forme affine par rapport aux éléments $\rho_i(t) \in \mathbb{R}$ du vecteur d'ordonnancement $\rho(t) \in \mathbb{R}^{n_\rho}$ est motivé par le fait que cette classe de modèle se prête bien à la synthèse d'observateurs intervalles comme cela sera précisé dans le paragraphe 4.3.1. Afin de simplifier les notations, les dépendances vis-à-vis du temps t pourront être omises par la suite, comme cela est déjà le cas dans (4.14).

La transformation d'un modèle NL-IB (4.9) en un modèle LPV-IB de la forme (4.10)-(4.13) de telle sorte que la propriété d'inclusion (4.14) soit satisfaite n'est pas unique. Il est toutefois possible de structurer la démarche de transformation de modèles conformément à la méthodologie suivante.

2. $c \pm r \triangleq [c - r; c + r]$, pour tout $r \geq 0$.

Réécriture du modèle NL-IB :

Le champ de vecteur caractérisant la dynamique non linéaire du modèle NL-IB est tout d'abord réécrite sous la forme (4.15) où $\varsigma \in \mathcal{D}_\varsigma \subset \mathbb{R}^{n_\varsigma}$ avec $n_\varsigma = n_x + n_d$:

$$f(x,u,d) = \mathcal{A}(\varsigma)x + \mathcal{B}(\varsigma)u + \mathcal{R}(\varsigma,u), \quad \varsigma = (x,d) \in \mathcal{D}_x \times \mathcal{D}_d, \tag{4.15}$$

Deux types de variables de prémisse sont introduites afin de structurer la démarche d'inclusion des termes non linéaires :

• Prémisses $p(\varsigma) \in \mathbb{R}^{n_p}$ non linéaires en ς et destinées à la construction de fonctions d'inclusion englobant $\mathcal{A}(\varsigma)$ et $\mathcal{B}(\varsigma)$:

$$\mathcal{A}(\varsigma) = \tilde{A}(p(\varsigma)) = \tilde{A}_0 + \textstyle\sum_{i=1}^{n_p} \tilde{A}_i p_i(\varsigma), \tag{4.16}$$

$$\mathcal{B}(\varsigma) = \tilde{B}(p(\varsigma)) = \tilde{B}_0 + \textstyle\sum_{i=1}^{n_p} \tilde{B}_i p_i(\varsigma). \tag{4.17}$$

• Prémisses $q(\varsigma,u) \in \mathbb{R}^{n_q}$ non linéaires en (ς,u) et destinées à la construction d'une fonction d'inclusion englobant $\mathcal{R}(\varsigma,u)$:

$$\mathcal{R}(\varsigma,u) = \tilde{R}(q(\varsigma,u),u) = \tilde{R}_0(u) + \sum_{i=1}^{n_q} \tilde{R}_i(u) q_i(\varsigma,u). \tag{4.18}$$

Remarque : La réécriture (4.15)-(4.18) peut éventuellement s'appuyer sur une ou plusieurs étapes intermédiaires où $f(\varsigma,u)$ est réécrite sous la forme $f(\varsigma,p(\varsigma),u,q(\varsigma,u))$ puis sous la forme $\tilde{f}(\tilde{\varsigma},u)$ avec $\tilde{\varsigma} = (x,\tilde{d}) \in \mathcal{D}_x \times \mathcal{D}_{\tilde{d}}$, et ce, en utilisant des fonctions d'inclusions des variables prémisses analogues à celles décrites au paragraphe suivant. Cette approche itérative permet de guider les choix liés à l'extraction des termes linéaires tout en préservant les propriétés d'inclusion sur un certain domaine de validité.

Fonctions d'inclusion des non-linéarités sur un domaine de validité et préservant les dépendances affines :

Pour chacune des variables prémisses $p_i(\varsigma) \in \mathbb{R}$, $i = 1,\dots,n_p$ introduites lors de la réécriture du modèle non linéaire initial (4.15), une fonction d'inclusion structurée en trois termes principaux (^{C} : constant, ^{L} : linéaires, ^{R} : reste) est recherchée :

$$p_i(\varsigma) = p_i^C(\mathcal{D}_\varsigma) + p_i^L(\mathcal{D}_\varsigma)\varsigma + p_i^R(\mathcal{D}_\varsigma)\varrho_{p_i}, \quad \varrho_{p_i} \in [-1,+1]. \tag{4.19}$$

Plus précisément, $p_i^C(.)$, $p_i^L(.)$ et $p_i^R(.)$ sont choisies de telle sorte que la propriété d'inclusion (4.20) soit satisfaite[3] :

$$\varsigma \in \mathcal{D}_\varsigma \Rightarrow p_i(\varsigma) \in p_i(\mathcal{D}_\varsigma). \tag{4.20}$$

3. lorsque l'on pose $\mathcal{D}_{\mathcal{D}_\varsigma} \triangleq \mathcal{D}_\varsigma$.

Une décomposition des termes linéaires donne :

$$p_i^L(\mathcal{D}_\varsigma)\varsigma = \sum_{j=1}^{n_\varsigma} p_{ij}^L(\mathcal{D}_\varsigma)\varsigma_j. \tag{4.21}$$

De plus,

$$\varsigma_j = \mathcal{D}^c_{\varsigma_j} + \mathcal{D}^r_{\varsigma_j}\varrho_{\varsigma_j}, \quad \varrho_{\varsigma_j} \in [-1,+1], \tag{4.22}$$

puisque, par hypothèse (plus précisément, en supposant que l'on reste à l'intérieur du domaine de validité fixé initialement), $\varsigma \in \mathcal{D}_\varsigma = \mathcal{D}^c_\varsigma \pm \mathcal{D}^r_\varsigma$. Ainsi, la fonction d'inclusion de la variable prémisse définie par $p_i(\varsigma)$ sur le domaine $\mathcal{D}_\varsigma$ peut se réécrire sous la forme :

$$p_i(\varsigma) = \underbrace{\left(p_i^C(\mathcal{D}_\varsigma) + \sum_{j=1}^{n_\varsigma} p_{ij}^L(\mathcal{D}_\varsigma)\mathcal{D}^c_{\varsigma_j}\right)}_{=p_{i0}(\mathcal{D}_\varsigma)} + \left(\sum_{j=1}^{n_\varsigma} p_{ij}^L(\mathcal{D}_\varsigma)\mathcal{D}^r_{\varsigma_j}\varrho_{\varsigma_j}\right) + p_i^R(\mathcal{D}_\varsigma)\varrho_{p_i}, \tag{4.23}$$

qui est affine en les $\varrho_{\varsigma_j} \in [-1,+1]$ pour $j = 1,\ldots,n_\varsigma$, et les $\varrho_{p_i} \in [-1,+1]$ pour $i = 1,\ldots,n_p$. Autrement dit,

$$\varsigma \in \mathcal{D}_\varsigma \;\Rightarrow\; p_i(\varsigma) = p_{i0}(\mathcal{D}_\varsigma) + \textstyle\sum_{l=1}^{n_\rho} p_{il}(\mathcal{D}_\varsigma)\rho_l, \tag{4.24}$$

$$\rho = [\ldots,\varrho_{\varsigma_j},\ldots \mid \ldots,\varrho_{p_i},\ldots]^T \in \mathcal{D}_\rho = [-1,+1]^{n_\rho}, \quad n_\rho = n_\varsigma + n_p, \tag{4.25}$$

où les coefficients $p_{il}(\mathcal{D}_\varsigma)$ se déduisent directement par identification avec (4.23).

Un raisonnement anologue à celui suivi pour les $p_i(\varsigma)$ conduit pour les $q_i(\varsigma,u)$, $i = 1,\ldots,n_q$, à une fonction d'inclusion de la forme (4.26) et satisfaisant (4.27) :

$$q_i(\varsigma,u) = q_i^C(\mathcal{D}_\varsigma,u) + q_i^L(\mathcal{D}_\varsigma,u)\varsigma + q_i^R(\mathcal{D}_\varsigma,u)\varrho_{q_i}, \quad \varrho_{q_i} \in [-1,+1], \tag{4.26}$$

$$(\varsigma \in \mathcal{D}_\varsigma) \;\Rightarrow\; q_i(\varsigma,u) \in q_i(\mathcal{D}_\varsigma,u), \tag{4.27}$$

où $q_i^L(\mathcal{D}_\varsigma,u)\varsigma = \sum_{j=1}^{n_\varsigma} q_{ij}^L(\mathcal{D}_\varsigma,u)\varsigma_j$ conduit à une réécriture des $q_i(\varsigma,u)$, d'abord en fonction des $\varsigma_j \in \mathcal{D}_{\varsigma_j}$, puis en fonction des $\varrho_{\varsigma_j} \in [-1,+1]$. Par analogie à (4.24)-(4.25), il vient :

$$(\varsigma \in \mathcal{D}_\varsigma) \;\Rightarrow\; q_i(\varsigma,u) = q_{i0}(\mathcal{D}_\varsigma,u) + \textstyle\sum_{l=1}^{n_v} q_{il}(\mathcal{D}_\varsigma,u)v_l, \tag{4.28}$$

$$v = [\ldots,\varrho_{\varsigma_j},\ldots \mid \ldots,\varrho_{q_i},\ldots]^T \in \mathcal{D}_v = [-1,+1]^{n_v}, \quad n_v = n_\varsigma + n_q, \tag{4.29}$$

où les coefficients $q_{il}(\mathcal{D}_\varsigma,u)$ s'expriment en fonction de grandeurs connues à l'instant t.

Substitution des termes non linéaires par les fonctions d'inclusion :

En reportant dans (4.16) (resp. (4.17)) les expressions des $p_i(\varsigma)$ obtenues dans (4.24), on obtient (4.30) (resp. 4.31) :

$$\mathcal{A}(\varsigma) = \tilde{A}(p(\varsigma)) = \underbrace{\left(\tilde{A}_0 + \sum_{i=1}^{n_p} \tilde{A}_i p_{i0}(\mathcal{D}_\varsigma)\right)}_{=A_0} + \textstyle\sum_{l=1}^{n_\rho} \underbrace{\left(\sum_{i=1}^{n_p} \tilde{A}_i p_{il}(\mathcal{D}_\varsigma)\right)}_{=A_l} \rho_l, \tag{4.30}$$

$$\mathcal{B}(\varsigma) = \tilde{B}(p(\varsigma)) = \underbrace{\left(\tilde{B}_0 + \sum_{i=1}^{n_p} \tilde{B}_i p_{i0}(\mathcal{D}_\varsigma)\right)}_{=B_0} + \textstyle\sum_{l=1}^{n_\rho} \underbrace{\left(\sum_{i=1}^{n_p} \tilde{B}_i p_{il}(\mathcal{D}_\varsigma)\right)}_{=B_l} \rho_l, \tag{4.31}$$

De même, en reportant dans (4.18) les expressions des $q_i(\varsigma, u)$ obtenues dans (4.28), on obtient (4.32) :

$$\mathcal{R}(\varsigma, u) = \tilde{R}(q(\varsigma, u), u) = \underbrace{\left(\tilde{R}_0(u) + \sum_{i=1}^{n_q} \tilde{R}_i(u) q_{i0}(\mathcal{D}_\varsigma, u)\right)}_{=\kappa} + \underbrace{\sum_{l=1}^{n_v} \left(\sum_{i=1}^{n_q} \tilde{R}_i(u) q_{il}(\mathcal{D}_\varsigma, u)\right) v_l}_{=Ev}. \tag{4.32}$$

En reportant (4.30)-(4.32) dans l'équation (4.15) correspondant à la réécriture initiale du modèle non linéaire NL-IB, on obtient un modèle parfaitement cohérent avec la forme LPV-IB recherchée (4.10)-(4.13). De plus, les fonctions d'inclusion utilisées pour englober les variables prémisses étant valides sur $\mathcal{D}_\varsigma = \mathcal{D}_x \times \mathcal{D}_d$ (4.15) aussi bien pour les $p_i(\varsigma)$ (4.20) que les $q_i(\varsigma, u)$ (4.27), la propriété d'inclusion des trajectoires (4.14) est bien satisfaite par la méthodologie de transformation de modèle proposée. Elle est en effet une conséquence directe de (4.24)-(4.25), d'une part, de (4.28)-(4.29), d'autre part.

La méthodologie de transformation NL-IB vers LPV-IB que nous venons de proposer montre comment les trajectoires d'un modèle dynamique non linéaire à incertitudes bornées peuvent être englobées par un modèle linéaire à paramètres variants et incertitudes bornées, avec une garantie d'inclusion des trajectoires sur un certain domaine de validité. De plus, une expression explicite des termes caractérisant la dynamique LPV-IB a été obtenue (4.30)-(4.32). Ces derniers se déduisent directement à partir de fonctions d'inclusions élémentaires servant à englober les variables prémisses retenues pour mener à bien la tranformation de modèles NL-IB vers LPV-IB. Cette méthodologie sera utilisée dans la suite comme une première étape dans la méthodologie pour la détection de défauts des systèmes NL-IB.

4.3 Méthodologie ensembliste pour la détection de défauts

Afin de synthétiser des tests ensemblistes pour la détection de défauts affectant des systèmes non linéaires à incertitudes bornées continus, nous proposons une méthodologie générique, organisée en trois étapes. Elle consiste à passer par l'intermédiaire d'une représentation LPV pour laquelle les techniques de synthèse d'observateurs intervalles et les résultats en terme de convergence développés dans les chapitres 2 et 3 peuvent être appliqués, plutôt que de traiter directement les non linéarités ce qui peut conduire dans le cas général à des techniques relativement coûteuses en temps de calcul. La première étape de la méthodologie consiste alors à transformer le modèle NL continu en un modèle dynamique LPV, tout en préservant l'inclusion des trajectoires non linéaires spécifiées. Cette transformation est assurée en appliquant la méthodologie proposée dans le paragraphe 4.2.2. Ensuite, dans une deuxième étape, un observateur intervalle pour le système LPV obtenu sera construit à partir de résultats établis au chapitre 2. Enfin, en s'appuyant sur les enveloppes calculées en ligne à partir de cet observateur intervalle, des tests ensemblistes destinés à la détection de défauts seront proposés dans une troisième étape.

Après la transformation du modèle non linéaire déjà étudiée et présentée au paragraphe 4.2.2, nous allons détailler les deux étapes suivantes : l'observateur intervalle pour la classe du modèle obtenu, d'une part, et la procédure de détection de défauts en s'appuyant sur les enveloppes calculées, d'autre part.

4.3.1 Observateur intervalle pour modèle LPV à incertitudes bornées

Après avoir transformé le modèle non linéaire de départ (4.9) en un modèle LPV tel que (4.10), l'objet de ce paragraphe est de proposer un observateur intervalle pour cette classe de modèles. L'obtention de cet observateur intervalle découle des calculs d'atteignabilité dans la section 2.3 et de la construction d'observateurs intervalles pour des systèmes LPV, conformément aux paragraphes 2.5.2, 2.5.3 et 2.5.5 du deuxième chapitre.

Comme dans la sous-section 2.5.5, le vecteur des paramètres d'ordonnancement est supposé inconnu mais appartient à un domaine borné. Cela permet d'obtenir des enveloppes sur les états/sorties garantissant l'inclusion des trajectoires du modèle non linéaire NL-IB initial sur l'ensemble du domaine de validité retenu pour exprimer la transformation de modèle NL-IB vers LPV-IB. Autrement dit, les paramètres d'ordonnancement bornés et les entrées bornées permettent d'assurer conjointement la robustesse non seulement vis-à-vis des incertitudes décrites dans le modèle NL-IB initial, mais aussi celles liées à l'inclusion des non-linéarités induite par la transformation de modèles.

Une approche permettant de construire un observateur intervalle pour un modèle dynamique de la forme LPV-IB décrite par (4.10)-(4.13) consiste à s'appuyer sur un changement de variable variant dans le temps assurant des propriétés de positivité des erreurs d'observation dans la nouvelle base. (A_0, C) est supposée détectable. Un gain d'observateur L et la matrice d'état $\breve{A}_0 = A_0 - LC$ sont alors introduits. La décomposition de Jordan de $\breve{A}_0 \in \mathbb{R}^{n_x \times n_x}$ donnée par (4.33)-(4.34) permet d'exprimer un changement de variable variant dans le temps servant à construire un observateur intervalle comme cela sera précisé dans le théorème 40.

$$\breve{A}_0 = V^{-1}JV, \quad V \in \mathbb{C}^{n_x \times n_x}, \tag{4.33}$$

$$J = \mathrm{diag}(\xi + i\omega) + \eta, \quad \xi \in \mathbb{R}^{n_x}, \ \omega \in \mathbb{R}^{n_x}, \ \eta \in \mathfrak{N}_{n_x}, \tag{4.34}$$

$$\mathfrak{N}_{n_x} = \{\eta \,|\, \forall (i,j) \in \{1, \ldots, n_x\}^2, \ \eta_{ij} \in \{0\} \cup \{\delta_{i,j-1}\}\}, \tag{4.35}$$

ξ (resp. ω) est le vecteur contenant les parties réelles (resp. imaginaires) de $\breve{A}_0$. Par conséquent, $\breve{A}_0$ est Hurwitz ssi $\xi < 0$. V est inversible et η est une matrice carrée nilpotente dont tous les éléments non nuls sont égaux à 1 (donc positifs) et situés sur la première sur-diagonale, conformément à (4.35) où $\delta_{a,b}$ est l'opérateur de Kronecker ($\delta_{a,b} = 1$ si $a = b$, et $\delta_{a,b} = 0$ sinon).

En utilisant les notations des intervalles complexes sous forme centrée introduites dans la sous-section 1.4.4 du premier chapitre, un observateur intervalle pour un modèle dynamique LPV-IB (4.10)-(4.13) rappelé ci-après est alors donné par le théorème 40 :

$$\text{LPV-IB} : \begin{cases} \dot{x}(t) = A(\rho(t))x(t) + B(\rho(t))u(t) + E(t)v(t) + \kappa(t), \\ y(t) = Cx(t) + Fw(t), \end{cases} \tag{4.36}$$

$$\forall t, \ \rho(t) \in \mathcal{D}_\rho = [-1, +1]^{n_\rho}, \ v(t) \in \mathcal{D}_v = [-1, +1]^{n_v}, \tag{4.37}$$

$$A(\rho(t)) = A_0 + \textstyle\sum_{l=1}^{n_\rho} A_l \rho_l(t) \ \in \mathbb{R}^{n_x \times n_x}, \tag{4.38}$$

$$B(\rho(t)) = B_0 + \textstyle\sum_{l=1}^{n_\rho} B_l \rho_l(t) \ \in \mathbb{R}^{n_x \times n_u}, \tag{4.39}$$

Théorème 40 *Etant donné un système modélisé sous la forme LPV-IB (4.10)-(4.13) avec :*

$\mathcal{A}_1$: $x(0) \in x^c(0) \pm x^r(0) \subset \mathbb{R}^{n_x}$ *où* $x^r(0) \geq 0$,

$\mathcal{A}_2$: $\breve{A}_0 = A_0 - LC = V^{-1}JV$ *(décomposition de Jordan : (4.33)-(4.34)),*

$\mathcal{A}_3$: $u(t)$, $\rho(t)$, $E(t)$, $v(t)$ *et* $\kappa(t)$ *sont continus par rapport à* t,

$\mathcal{A}_4$: $z^c(0) = Vx^c(0)$, $z^r(0) = V \diamond x^r(0)$.

Alors,

$$\begin{cases} \dot{z}^c(t) = (\mathrm{diag}(\xi) + \eta) z^c(t) + \Omega(t)(B_0 u(t) + Ly(t) + \kappa(t)), \\ \\ \dot{z}^r(t) = (\mathrm{diag}(\xi) + \eta) z^r(t) + |\Omega(t)\tilde{E}(t, z^c(t), z^r(t))|\mathbf{1}, \end{cases} \tag{4.40}$$

est un observateur intervalle pour (4.10)-(4.13) décrit par les dynamiques du centre $z^c(t)$ *et du rayon* $z^r(t)$ *de l'intervalle bornant les états* $z(t) = \Omega(t)x(t)$ *dans la nouvelle base avec :*

$$\Omega(t) = \mathrm{diag}(e^{-i\omega t})V, \quad \Omega^{-1}(t) = V^{-1}\mathrm{diag}(e^{i\omega t}), \tag{4.41}$$

$$\tilde{E}(t, z^c(t), z^r(t)) = [E(t)| - LF| \dots A_i\Omega^{-1}(t)z^c(t) + B_i u(t) \dots | \dots A_i \Xi(t) \dots], \tag{4.42}$$

$$\Xi(t) = \Omega^{-1}(t)\Delta(z^r(t)), \tag{4.43}$$

$$\forall v \in \mathbb{C}^n,\ \Delta(v) = [\mathrm{diag}(v^R), i \cdot \mathrm{diag}(v^I)] \in \mathbb{C}^{n \times 2n}. \tag{4.44}$$

L'observateur intervalle satisfait la propriété d'inclusion des états aussi bien dans la nouvelle base (4.46) que dans la base de départ (4.47) :

$$x^c(t) = \Omega^{-1}(t)z^c(t), \quad x^r(t) = \Omega^{-1}(t) \diamond z^r(t), \tag{4.45}$$

$$\forall t \in \mathbb{R}^+,\ z(t) \in z^c(t) \pm z^r(t), \tag{4.46}$$

$$\forall t \in \mathbb{R}^+,\ x(t) \in x^c(t) \pm x^r(t). \tag{4.47}$$

Les enveloppes englobant la sortie $y(t)$ *et calculées par (4.48) en se basant sur les dynamiques données par (4.40) satisfont la propriété d'inclusion (4.50) :*

$$\begin{cases} y^c(t) = C(t)\Omega^{-1}(t)z^c(t), \\ \\ y^r(t) = (C(t)\Omega^{-1}(t)) \diamond z^r(t) + |F(t)|\mathbf{1}, \end{cases} \tag{4.48}$$

(4.49)

$$\forall t \in \mathbb{R}^+,\ y(t) \in y^c(t) \pm y^r(t) = [\underline{y}(t), \overline{y}(t)]. \tag{4.50}$$

□

Notations : rappelons que $e(\cdot)$ est la fonction exponentielle élément par élément, diag$(\cdot)$ a comme sortie une matrice carrée diagonale dont les éléments sont les éléments du vecteur d'entrée dans le même ordre, et les notations c, r désignent respectivement le centre et le rayon de l'intervalle correspondant.

Éléments de preuve. La preuve du théorème 40 est similaire à celle du théorème 22 avec $\psi^c(t) = \Omega(t)(B_0 u(t) + Ly(t) + \kappa(t))$ et $\psi^r(t) = |\Omega(t)\tilde{E}(t, z^r(t), z^c(t))|\mathbf{1}$ où $\tilde{E}(t, z^r(t), z^c(t))$ est donné par (4.42). Le lecteur peut également se référer à [112] pour la preuve. Le principe est analogue tout en tenant compte du gain d'observation L, et donc des mesures disponibles, pour recaler les états estimés.

L'algorithme proposé par le théorème 40 fournit un encadrement (bornes inférieures et supérieures) englobant toutes les trajectoires possibles de l'état ainsi que de la sortie. Une condition suffisante décrite par la proposition 41 assure la non divergence des enveloppes calculées dans le contexte d'entrées bornées.

Proposition 41 *Sous les hypothèses du théorème 40 et en considérant des entrées bornées, soit* $S = \sum_{i=1}^{n_\rho} \|VA_iV^{-1}\| \in (\mathbb{R}^+)^{n_x \times n_x}$ *où* $\|.\|$ *désigne le module appliqué élément par élément à une matrice complexe. Si* $\xi < 0$ *(i.e.* $\breve{A}_0$ *stable au sens de Hurwitz) et si la matrice Metzler* $[(\mathrm{diag}(\xi) + \eta + S), S; S, (\mathrm{diag}(\xi) + \eta + S)]$ *est stable au sens de Hurwitz, alors* $\forall t$, $0 \leq z^r(t) \leq \bar{z}^r(t) < \infty$ *où* $\bar{z}^r(t)$ *suit une dynamique stable.*

La preuve de la proposition 41 est similaire à celle de la proposition 21 (page 61).

L'observateur par intervalles basé sur un changement de variable variant dans le temps proposé dans ce paragraphe (théorème 40 et proposition 41) permet d'englober l'ensemble des trajectoires possibles pour les sorties d'un modèle LPV-IB tel que (4.10)-(4.13). Il en résulte une méthode algorithmique constructive (ici, simple intégration numérique) permettant de calculer des bornes sur $y(t)$ satisfaisant la propriété d'inclusion (4.50). Cela permet désormais de formaliser la troisième étape de la méthodologie pour la détection de défauts.

4.3.2 Détection de défauts

La procédure de détection de défauts proposée est fondée sur une invalidation du modèle de bon fonctionnement du système étudié, en s'appuyant sur les mesures disponibles y. Le bon fonctionnement à l'instant t est formalisé par $\mathrm{OK}(t)$. La démarche d'invalidation se traduit par un test $T_y(t)$ de non-appartenance de $y(t)$ aux enveloppes calculées $(y^c(t) \pm y^r(t))$ en se basant sur l'observateur intervalle décrit précédemment (paragraphe 4.3.1) et, notamment, sur la propriété d'inclusion des sorties (4.50) qui reste vraie sur tout le domaine de validité du modèle LPV-IB. La formalisation de la détection de défauts et son interprétation logique dans le cadre de la méthodologie proposée sont l'objet de ce paragraphe.

Sous l'hypothèse (4.51), la modélisation du bon fonctionnement du système est donnée par

(4.53) où les dépendances des signaux vis-à-vis du temps sont omises pour simplifier les notations :

$$x(0) \in x^c(0) \pm x^r(0) \subset \mathcal{D}_x, \tag{4.51}$$

$$\tag{4.52}$$

$$(\forall t, \mathrm{OK}(t)) \Rightarrow \mathcal{D}_x^{\in} \wedge \mathcal{D}_d^{\in} \wedge \mathcal{D}_w^{\in} \wedge E_{\mathrm{NL}}, \tag{4.53}$$

où $\mathcal{D}_x^{\in} \equiv (x \in \mathcal{D}_x)$ définit une notation susceptible d'être généralisée à d'autres signaux que x, et où E_{NL} signifie que l'équation d'état S_{NL} et l'équation de mesure M_{NL} du modèle non linéaire NL-IB (4.9) sont satisfaites : $E_{\mathrm{NL}} \equiv S_{\mathrm{NL}} \wedge M_{\mathrm{NL}}$. Des notations analogues sont introduites pour le modèle LPV-IB (4.10) : $E_{\mathrm{LPV}} \equiv S_{\mathrm{LPV}} \wedge M_{\mathrm{LPV}}$. La propriété d'inclusion (4.14) satisfaite par la transformation de modèle NL-IB vers LPV-IB permet d'écrire :

$$\mathcal{D}_x^{\in} \wedge \mathcal{D}_d^{\in} \wedge S_{\mathrm{NL}} \Rightarrow \mathcal{D}_\rho^{\in} \wedge \mathcal{D}_v^{\in} \wedge S_{\mathrm{LPV}}. \tag{4.54}$$

Et comme les équations de mesures sont identiques entre les modèles NL-IB et LPV-IB, $M_{\mathrm{NL}} \equiv M_{\mathrm{LPV}}$, (4.55) se déduit de (4.54) :

$$\mathcal{D}_x^{\in} \wedge \mathcal{D}_d^{\in} \wedge \mathcal{D}_w^{\in} \wedge E_{\mathrm{NL}} \Rightarrow \mathcal{D}_\rho^{\in} \wedge \mathcal{D}_v^{\in} \wedge \mathcal{D}_w^{\in} \wedge E_{\mathrm{LPV}}. \tag{4.55}$$

Alors que (4.53) exprimait le bon fonctionnement du système à l'aide du modèle non linéaire NL-IB, (4.55) permet désormais de relier le bon fonctionnement du système au modèle LPV-IB. En effet, (4.53) et (4.55) donnent :

$$(\forall t, \mathrm{OK}(t)) \Rightarrow \mathcal{D}_\rho^{\in} \wedge \mathcal{D}_v^{\in} \wedge \mathcal{D}_w^{\in} \wedge E_{\mathrm{LPV}}. \tag{4.56}$$

De plus, l'observateur intervalle appliqué au modèle LPV-IB comme indiqué dans le théorème 40 satisfait une propriété d'inclusion des sorties (4.50) qui, sous l'hypothèse (4.51) satisfaisant de fait $\mathcal{A}_1$ (cf énoncé du théorème 40), permet d'écrire (4.57) :

$$\mathcal{D}_\rho^{\in} \wedge \mathcal{D}_v^{\in} \wedge \mathcal{D}_w^{\in} \wedge E_{\mathrm{LPV}} \Rightarrow y \in y^c \pm y^r. \tag{4.57}$$

Comme indiqué dans l'introduction de ce paragraphe, le test $T_y(t)$ utilisé pour la détection des défauts est défini par (4.58). $T_y(t)$ est calculable en ligne grâce à l'observateur intervalle (théorème 40) fournissant les enveloppes sur les états et les sorties :

$$T_y(t) \equiv y(t) \notin (y^c(t) \pm y^r(t)). \tag{4.58}$$

Ainsi, en combinant (4.56), (4.57) et (4.58), il vient :

$$(\forall t, \mathrm{OK}(t)) \Rightarrow (\forall t, \neg T_y(t)), \tag{4.59}$$

soit encore, en contrapposant,

$$(\exists t_d, T_y(t_d)) \Rightarrow (\exists t_f, \neg \mathrm{OK}(t_f)), \qquad (4.60)$$

où t_f et t_d peuvent être interprétés respectivement comme l'instant d'apparition du défaut et l'instant de détection.

Remarque 42 *En complément de l'indicateur de détection $T_y(t)$, l'indicateur $V_x(t)$ défini par $V_x(t) \equiv (x^c(t) \pm x^r(t)) \subset \mathcal{D}_x$ est lui aussi calculable en ligne. Il donne une indication sur le fait que l'enveloppe englobant l'ensemble des états possibles du système reste bien à l'intérieur du domaine de validité choisi pour la transformation NL-IB vers LPV-IB.*

La méthodologie que nous venons de proposer permet bien d'obtenir une invalidation du bon fonctionnement d'un système initialement décrit par un modèle non linéaire NL-IB sur un certain domaine de validité, et ce, par l'intermédiaire d'un observateur intervalle appliqué à un modèle LPV-IB.

4.4 Exemple d'illustration

Dans cette section, nous allons illustrer la méthodologie ensembliste proposée à l'aide d'un modèle non linéaire caractérisant la dynamique longitudinale d'un avion civil. Ce modèle non linéaire d'ordre 5 ($n = 5$) est extrait de [120]. Il s'exprime ainsi :

$$\begin{cases} \dot{\alpha} = c_1 q + \frac{c_2 cos(\alpha-\theta)}{V_{tas}} - c_3(c_4 + c_5\alpha + c_6 V_{tas})V_{tas} - c_3 V_{tas}(c_7 + c_8 V_{tas} - c_9 V_{tas}^2)\delta_e \\ \quad - \frac{c_{10} cos\alpha + sin\alpha}{c_{11} V_{tas}}\tau \\ \\ \dot{q} = -c_{12} q V_{tas} + c_{13}(c_{14} - c_{15}\alpha + c_{16}\alpha^2 - c_{17}V_{tas})V_{tas}^2 + c_{13}V_{tas}^2(-c_{18} - c_{19}V_{tas} + \\ \quad c_{20}V_{tas}^2)\delta_e - c_{21}V_{tas}^2\sigma + c_{22}\tau \\ \\ \dot{V}_{tas} = c_{23} sin(\alpha-\theta) - c_3(c_{24} + c_{25}\alpha + c_{26}\alpha^2 + c_{27}V_{tas})V_{tas}^2 + \frac{cos\alpha - c_{10} sin\alpha}{c_{11}}\tau \\ \\ \dot{\theta} = q \\ \\ \dot{h}_e = -sin(\alpha-\theta)V_{tas} \end{cases} \qquad (4.61)$$

où α est l'angle d'attaque, q est la vitesse angulaire de tangage, V_{tas} est la vitesse de l'avion par rapport à l'air, θ est l'angle de tangage et h_e est l'altitude (voir Figure 4.1). τ , σ et δ_e désignent respectivement la poussée, la déviation angulaire du stabilisateur et la déviation angulaire de l'élévateur. Les coefficients $c_i, (i = 1, \ldots, 27)$ sont des coefficients aérodynamiques [120] dont les valeurs numériques utilisées pour les simulations sont données dans la table 4.1.

TABLE 4.1 – Valeurs numériques des coefficients c_i, $i = 1, \ldots, 27$.

$c_1 = 0.989186$	$c_2 = 9.7851$	$c_3 = 0.000502483$	$c_4 = 0.00615$
$c_5 = 5.15$	$c_6 = 0.00121$	$c_7 = 0.00321$	$c_8 = 0.0000426$
$c_9 = 1.44 \times 10^{-7}$	$c_{10} = 0.0436$	$c_{11} = 75000$	$c_{12} = 0.00239997$
$c_{13} = 0.0000277133$	$c_{14} = 0.12$	$c_{15} = 1.46$	$c_{16} = 2.39$
$c_{17} = 0.00032$	$c_{18} = 0.0176$	$c_{19} = 0.000116$	$c_{20} = 4.35 \times 10^{-7}$
$c_{21} = 0.0000786336$	$c_{22} = 1.53275 \times 10^{-7}$	$c_{23} = 9.7851$	$c_{24} = 0.00992$
$c_{25} = 0.0348$	$c_{26} = 3.27$	$c_{27} = 0.0000445$	

(4.61) correspond à l'équation d'état du modèle NL-IB (4.9) en posant :

$$x = [\alpha, q, V_{tas}, \theta, h_e]^T \in \mathbb{R}^5, \quad u = [\tau, \sigma, \delta_e]^T \in \mathbb{R}^3. \tag{4.62}$$

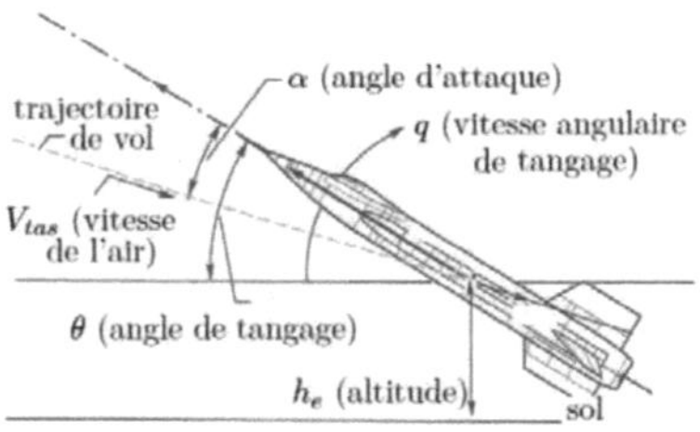

FIGURE 4.1 – Illustration des composantes du vecteur d'état $x \in \mathbb{R}^5$ (4.62) décrivant la dynamique longitudinale de l'avion.

Afin d'évaluer spécifiquement l'influence des approximations des non linéarités sur les enveloppes obtenues ultérieurement en vue de la détection, le modèle (4.61) n'est pas perturbé par un terme borné d comme dans (4.9). Dans toute cette partie, on aura donc $\varsigma = x$. Le domaine de validité utilisé pour la transformation NL-IB vers LPV-IB est donné par $\mathcal{D}_x = \mathcal{D}_\alpha \times \mathcal{D}_q \times \mathcal{D}_{V_{tas}} \times \mathcal{D}_\theta \times \mathcal{D}_{h_e}$

avec :

$$\mathcal{D}_\alpha = [-0.04, 0.08]\ (rad); \mathcal{D}_q = [-0.1, 0.08]\ (rad/s); \mathcal{D}_{V_{tas}} = [150, 300]\ (m/s);$$
$$\mathcal{D}_\theta = [-0.401, 0.401]\ (rad); \mathcal{D}_{he} = [3000, 12000]\ (m). \tag{4.63}$$

Dans la suite de cette partie, nous reprenons les étapes de la méthodologie générique de détection de défauts à base d'un modèle NL-IB, données respectivement dans les paragraphes 4.2.2, 4.3.1 et 4.3.2, pour les appliquer au modèle de la dynamique de vol longitudinale que nous venons de décrire.

Réécriture du modèle NL-IB

La réécriture du modèle NL-IB conformément à (4.15)-(4.18) est donnée ci-après (4.64)-(4.68). La stratégie de réécriture retenue repose sur l'introduction de termes correspondant à une approximation linéaire de certains termes non linéaires, comme indiqué dans (4.64),

$$\frac{cos(\alpha-\theta)}{V_{tas}} = \lambda_1 V_{tas} + (\frac{cos(\alpha-\theta)}{V_{tas}} - \lambda_1 V_{tas}),$$

$$V_{tas}^2 = \lambda_2 V_{tas} + (V_{tas}^2 - \lambda_2 V_{tas}), \tag{4.64}$$

$$V_{tas}^3 = \lambda_3 V_{tas} + (V_{tas}^3 - \lambda_3 V_{tas}),$$

avec $\lambda_1 = -2.2222 \times 10^{-4}$, $\lambda_2 = 450$, $\lambda_3 = 157500$. Ces valeurs numériques ont été choisies respectivement égales aux coefficients qui seront associés aux termes linéaires dans les fonctions d'inclusion de $q_6(x) = \frac{cos(\alpha-\theta)}{V_{tas}}$, $q_2(x) = V_{tas}^2$, et $q_5(x) = V_{tas}^3$ (4.83).

De la stratégie de réécriture exprimée par (4.64) découlent les expressions formelles de $\mathcal{A}(x)$ (4.65), $\mathcal{B}(x)$ (4.66) et $\mathcal{R}(x)$ (4.67)-(4.68), conformément à (4.15).

$$\mathcal{A}(x) = \begin{pmatrix} -c_3c_5V_{tas} & c_1 & c_2cos(\alpha-\theta)\lambda_1 - c_3(c_4 + c_6\lambda_2) & 0 & 0 \\ -c_{13}c_{15}V_{tas}^2 & -c_{12}V_{tas} & c_{13}c_{14}\lambda_2 + c_{13}c_{16}\alpha^2\lambda_2 - c_{13}c_{17}\lambda_3 & 0 & 0 \\ -c_3c_{25}V_{tas}^2 + c_{23}sinc(\alpha-\theta) & 0 & -c_3c_{24}\lambda_2 - c_3c_{26}\alpha^2\lambda_2 - c_3c_{27}\lambda_3 & -c_{23}sinc(\alpha-\theta) & 0 \\ 0 & 1 & 0 & 0 & 0 \\ -sinc(\alpha-\theta)V_{tas} & 0 & 0 & sinc(\alpha-\theta)V_{tas} & 0 \end{pmatrix} \tag{4.65}$$

$$\mathcal{B}(x) = \begin{pmatrix} \frac{-c_{10}cos\alpha + sin\alpha}{c_{11}V_{tas}} & 0 & -c_3V_{tas}(c_7 + c_8V_{tas} - c_9V_{tas}^2) \\ c_{22} & -c_{21}V_{tas}^2 & c_{13}V_{tas}^2(-c_{18} - c_{19}V_{tas} + c_{20}V_{tas}^2) \\ \frac{cos\alpha - c_{10}sin\alpha}{c_{11}} & 0 & 0 \\ 0 & 0 & 0 \\ 0 & 0 & 0 \end{pmatrix} \tag{4.66}$$

$$\mathcal{R}(x) = \begin{pmatrix} \mathcal{R}_1(x) + \mathcal{R}_2(x) \\ \mathcal{R}_3(x) \\ \mathcal{R}_4(x) \\ 0 \\ 0 \end{pmatrix} \tag{4.67}$$

$$\begin{aligned} \mathcal{R}_1(x) &= c_2(\tfrac{cos(\alpha-\theta)}{V_{tas}} - \lambda_1 V_{tas}) \\ \mathcal{R}_2(x) &= -c_3c_6(V_{tas}^2 - \lambda_2 V_{tas}) \\ \mathcal{R}_3(x) &= c_{13}c_{14}(V_{tas}^2 - \lambda_2V_{tas}) + c_{13}c_{16}\alpha^2(V_{tas}^2 - \lambda_2V_{tas}) - c_{13}c_{17}(V_{tas}^3 - \lambda_3V_{tas}) \\ \mathcal{R}_4(x) &= -c_3c_{24}(V_{tas}^2 - \lambda_2V_{tas}) - c_3c_{26}\alpha^2(V_{tas}^2 - \lambda_2V_{tas}) - c_3c_{27}(V_{tas}^3 - \lambda_3V_{tas}) \end{aligned} \tag{4.68}$$

Remarque 43 *Le modèle (4.61) étant affine en les entrées de commande u (4.62), le terme de reste $\mathcal{R}(x)$ s'exprime indépendamment de u.*

• L'introduction des variables de prémisse $p(x) \in \mathbb{R}^{12}$ conduit à particulariser les expressions génériques de $\mathcal{A}(x) = \tilde{A}(p(x))$ (4.16) et de $\mathcal{B}(x) = \tilde{B}(p(x))$ (4.17) sous la forme (4.69)-(4.81) :

$$\tilde{A}_0 = \begin{pmatrix} 0 & c_1 & -c_3(c_4 + c_6\lambda_2) & 0 & 0 \\ 0 & 0 & c_{13}c_{14}\lambda_2 - c_{13}c_{17}\lambda_3 & 0 & 0 \\ 0 & 0 & -c_3c_{24}\lambda_2 - c_3c_{27}\lambda_3 & 0 & 0 \\ 0 & 1 & 0 & 0 & 0 \\ 0 & 0 & 0 & 0 & 0 \end{pmatrix}, \quad \tilde{B}_0 = \begin{pmatrix} 0 & 0 & 0 \\ c_{22} & 0 & 0 \\ 0 & 0 & 0 \\ 0 & 0 & 0 \\ 0 & 0 & 0 \end{pmatrix} \tag{4.69}$$

$$p_1(x) = V_{tas}, \quad \tilde{A}_1 = \begin{pmatrix} -c_3c_5 & 0 & 0 & 0 & 0 \\ 0 & -c_{12} & 0 & 0 & 0 \\ 0 & 0 & 0 & 0 & 0 \\ 0 & 0 & 0 & 0 & 0 \\ 0 & 0 & 0 & 0 & 0 \end{pmatrix}, \quad \tilde{B}_1 = \begin{pmatrix} 0 & 0 & -c_3c_7 \\ 0 & 0 & 0 \\ 0 & 0 & 0 \\ 0 & 0 & 0 \\ 0 & 0 & 0 \end{pmatrix} \tag{4.70}$$

$$p_2(x) = V_{tas}^2, \quad \tilde{A}_2 = \begin{pmatrix} 0 & 0 & 0 & 0 & 0 \\ -c_{13}c_{15} & 0 & 0 & 0 & 0 \\ -c_3c_{25} & 0 & 0 & 0 & 0 \\ 0 & 0 & 0 & 0 & 0 \\ 0 & 0 & 0 & 0 & 0 \end{pmatrix}, \quad \tilde{B}_2 = \begin{pmatrix} 0 & 0 & -c_3c_8 \\ 0 & -c_{12} & -c_{13}c_{18} \\ 0 & 0 & 0 \\ 0 & 0 & 0 \\ 0 & 0 & 0 \end{pmatrix} \tag{4.71}$$

$$p_3(x) = cos(\alpha - \theta), \quad \tilde{A}_3 = \begin{pmatrix} 0 & 0 & c_2\lambda_1 & 0 & 0 \\ 0 & 0 & 0 & 0 & 0 \\ 0 & 0 & 0 & 0 & 0 \\ 0 & 0 & 0 & 0 & 0 \\ 0 & 0 & 0 & 0 & 0 \end{pmatrix}, \quad \tilde{B}_3 = 0_{5\times 3} \tag{4.72}$$

$$p_4(x) = \alpha^2, \quad \tilde{A}_4 = \begin{pmatrix} 0 & 0 & 0 & 0 & 0 \\ 0 & 0 & c_{13}c_{16}\lambda_2 & 0 & 0 \\ 0 & 0 & -c_3c_{26}\lambda_2 & 0 & 0 \\ 0 & 0 & 0 & 0 & 0 \\ 0 & 0 & 0 & 0 & 0 \end{pmatrix}, \quad \tilde{B}_4 = 0_{5\times 3} \tag{4.73}$$

$$p_5(x) = sinc(\alpha - \theta), \quad \tilde{A}_5 = \begin{pmatrix} 0 & 0 & 0 & 0 & 0 \\ 0 & 0 & 0 & 0 & 0 \\ c_{23} & 0 & 0 & -c_{23} & 0 \\ 0 & 0 & 0 & 0 & 0 \\ 0 & 0 & 0 & 0 & 0 \end{pmatrix}, \quad \tilde{B}_5 = 0_{5\times 3} \tag{4.74}$$

$$p_6(x) = sinc(\alpha - \theta)V_{tas}, \quad \tilde{A}_6 = \begin{pmatrix} 0 & 0 & 0 & 0 & 0 \\ 0 & 0 & 0 & 0 & 0 \\ 0 & 0 & 0 & 0 & 0 \\ 0 & 0 & 0 & 0 & 0 \\ -1 & 0 & 0 & 1 & 0 \end{pmatrix}, \quad \tilde{B}_6 = 0_{5\times 3} \tag{4.75}$$

$$p_7(x) = sin(\alpha), \quad \tilde{A}_7 = 0_{5\times 3}, \quad \tilde{B}_7 = \begin{pmatrix} 0 & 0 & 0 \\ 0 & 0 & 0 \\ \frac{-c10}{c_{11}} & 0 & 0 \\ 0 & 0 & 0 \\ 0 & 0 & 0 \end{pmatrix} \tag{4.76}$$

$$p_8(x) = cos(\alpha), \quad \tilde{A}_8 = 0_{5\times 3}, \quad \tilde{B}_8 = \begin{pmatrix} 0 & 0 & 0 \\ 0 & 0 & 0 \\ \frac{1}{c_{11}} & 0 & 0 \\ 0 & 0 & 0 \\ 0 & 0 & 0 \end{pmatrix} \tag{4.77}$$

$$p_9(x) = V_{tas}^3, \quad \tilde{A}_9 = 0_{5\times 3}, \quad \tilde{B}_9 = \begin{pmatrix} 0 & 0 & c_3c_9 \\ 0 & 0 & -c_{13}c_{19} \\ 0 & 0 & 0 \\ 0 & 0 & 0 \\ 0 & 0 & 0 \end{pmatrix} \tag{4.78}$$

$$p_{10}(x) = V_{tas}^4, \quad \tilde{A}_{10} = 0_{5\times 3}, \quad \tilde{B}_{10} = \begin{pmatrix} 0 & 0 & 0 \\ 0 & 0 & c_{13}c_{20} \\ 0 & 0 & 0 \\ 0 & 0 & 0 \\ 0 & 0 & 0 \end{pmatrix} \tag{4.79}$$

$$p_{11}(x) = \frac{cos\alpha}{V_{tas}}, \quad \tilde{A}_{11} = 0_{5\times3}, \quad \tilde{B}_{11} = \begin{pmatrix} \frac{-c_{10}}{c_{11}} & 0 & 0 \\ 0 & 0 & 0 \\ 0 & 0 & 0 \\ 0 & 0 & 0 \\ 0 & 0 & 0 \end{pmatrix} \tag{4.80}$$

$$p_{12}(x) = \frac{sin\alpha}{V_{tas}}, \quad \tilde{A}_{12} = 0_{5\times3}, \quad \tilde{B}_{12} = \begin{pmatrix} \frac{1}{c_{11}} & 0 & 0 \\ 0 & 0 & 0 \\ 0 & 0 & 0 \\ 0 & 0 & 0 \\ 0 & 0 & 0 \end{pmatrix} \tag{4.81}$$

.

- L'introduction des variables de prémisse $q(x) \in \mathbb{R}^6$ conduit à particulariser l'expression générique du terme de reste $\mathcal{R}(x) = \tilde{R}(q(x))$ (4.18) sous la forme (4.82)-(4.83) :

$$\tilde{R}_0 = 0_{5\times1} \tag{4.82}$$

$$q_1(x) = V_{tas}, \quad \tilde{R}_1 = \begin{pmatrix} -c_2\lambda_1 + c_3c_6\lambda_2 \\ -c_{13}c_{14}\lambda_2 + c_{13}c_{17}\lambda_3 \\ c_3c_{24}\lambda_2 + c_3c_{27}\lambda_3 \\ 0 \\ 0 \end{pmatrix}, \quad q_2(x) = V_{tas}^2, \quad \tilde{R}_2 = \begin{pmatrix} -c_3c_6 \\ c_{13}c_{14} \\ -c_3c_{24} \\ 0 \\ 0 \end{pmatrix}$$

$$q_3(x) = \alpha^2 V_{tas}^2, \quad \tilde{R}_3 = \begin{pmatrix} 0 \\ c_{13}c_{16} \\ -c_3c_{26} \\ 0 \\ 0 \end{pmatrix}, \quad q_4(x) = \alpha^2 V_{tas}, \quad \tilde{R}_4 = \begin{pmatrix} 0 \\ -c_{13}c_{16}\lambda_2 \\ c_3c_{26}\lambda_2 \\ 0 \\ 0 \end{pmatrix}$$

$$q_5(x) = V_{tas}^3, \quad \tilde{R}_5 = \begin{pmatrix} 0 \\ -c_{13}c_{17} \\ -c_3c_{27} \\ 0 \\ 0 \end{pmatrix}, \quad q_6(x) = \frac{cos(\alpha-\theta)}{V_{tas}}, \quad \tilde{R}_6 = \begin{pmatrix} c_2 \\ 0 \\ 0 \\ 0 \\ 0 \end{pmatrix} \tag{4.83}$$

Fonctions d'inclusion des non-linéarités sur un domaine de validité et préservant les dépendances affines

En se basant sur les domaines de validité donnés dans (4.63), les valeurs numériques de fonctions d'inclusion élémentaires obtenues selon une approche illustrée par la Figure 4.2 (pour V_{tas}^2 et $\frac{1}{V_{tas}}$) sont données dans la Table 4.2. Ces fonctions d'inclusion préservant des dépendances affines servent de base pour caractériser les fonctions d'inclusion de la forme (4.19) (resp. (4.26)) pour les variables de prémisses de $p(x)$ (4.70)-(4.81) (resp. de $q(x)$ (4.83)) reportées dans la Table 4.3 (resp. Table 4.4).

Substitution des termes non linéaires par les fonctions d'inclusion

L'étape de substitution des termes non linéaires par les fonctions d'inclusion décrite par la méthodologie suivie (4.30)-(4.32) permet d'expliciter un modèle LPV-IB de la forme (4.10)-(4.13). Ce modèle caractérisé par les matrices A_0 et B_0 (4.84), A_i et B_i pour $i = 1 \ldots 12$ (4.85)-(4.96),

TABLE 4.2 – Fonctions d'inclusion de non linéarités élémentaires sur $\mathcal{D}_x$

$cos(\alpha)$	$=$	$0.9984 + 0.0016\varrho$
$cos(\alpha - \theta)$	$=$	$0.9110 + 0.0245\varrho$
$sin(\alpha)$	$=$	$0.99\alpha + 0.01\varrho\alpha$
$sin(\theta)$	$=$	$0.99\theta + 0.01\varrho\theta$
$\frac{1}{V_{tas}}$	$=$	$-2.2222 \times 10^{-4} V_{tas} + 2.8595 \times 10^{-4}\varrho + 0.0097$
V_{tas}^2	$=$	$450V_{tas} + 3.3088 \times 10^3\varrho - 4.8309 \times 10^4$
V_{tas}^3	$=$	$157500V_{tas} + 1.9797 \times 10^6\varrho - 2.2230 \times 10^7$
V_{tas}^4	$=$	$50625000V_{tas} + 9.4206 \times 10^9\varrho - 8.0296 \times 10^9$

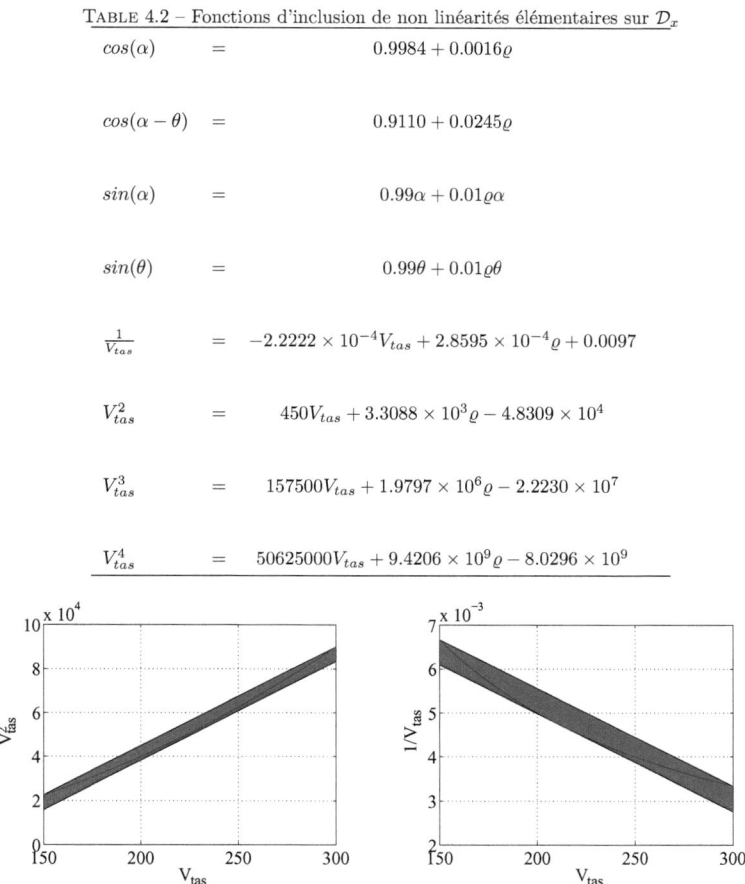

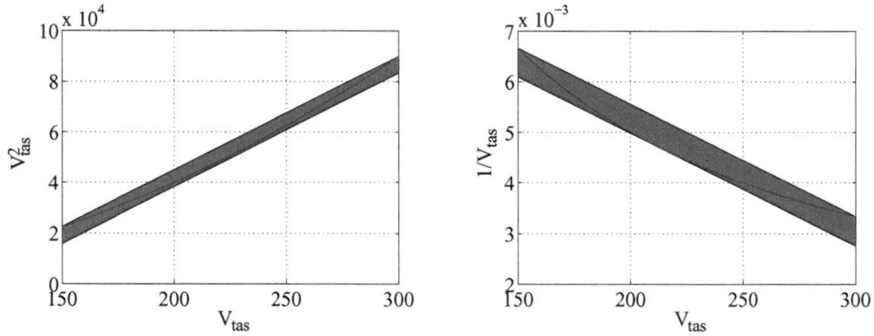

FIGURE 4.2 – Approximation de V_{tas}^2 et $\frac{1}{V_{tas}}$. Bleu : caractéristique de la non linéarité sur $\mathcal{D}_{V_{tas}}$. Rouge : domaine couvert par la fonction d'inclusion définie sur $\mathcal{D}_{V_{tas}}$.

ainsi que κ et E (4.97) satisfait la propriété (4.14) exprimant l'inclusion des trajectoires du modèle non linéaire initial (4.61) sur le domaine de validité $\mathcal{D}_x$.

TABLE 4.3 – Fonctions d'inclusion des $p_i(x)$, $i = 1, \ldots, 12$.

$p_i(x)$	$p_i^C(\mathcal{D}_x)$	$p_i^L(\mathcal{D}_x)x$	$p_i^R(\mathcal{D}_x)\varrho_{p_i}$
$p_1(x)$	0	V_{tas}	0
$p_2(x)$	-4.8309×10^4	$450V_{tas}$	$3.3088 \times 10^3 \varrho_{p_2}$
$p_3(x)$	0.911	0	$0.0245\varrho_{p_3}$
$p_4(x)$	0.0032	0	$0.0032\varrho_{p_4}$
$p_5(x)$	0.99	0	$0.01\varrho_{p_5}$
$p_6(x)$	0	0	$300\varrho_{p_6}$
$p_7(x)$	0.0198	0	$0.0602\varrho_{p_7}$
$p_8(x)$	0.9984	0	$0.0016\varrho_{p_8}$
$p_9(x)$	-2.2230×10^7	$157500V_{tas}$	$1.9797 \times 10^6 \varrho_{p_9}$
$p_{10}(x)$	-8.0296×10^9	$50625000V_{tas}$	$9.4206 \times 10^9 \varrho_{p_{10}}$
$p_{11}(x)$	-0.0402	0	$-0.0165\varrho_{p_{11}}$
$p_{12}(x)$	-7.9794×10^{-4}	0	$-0.0037\varrho_{p_{12}}$

$$A_0 = \begin{pmatrix} -0.5823 & 0.9892 & -0.002258 & 0 & 0 \\ -2.142 & -0.54 & 0.0001951 & 0 & 0 \\ 8.762 & 0 & -0.008131 & -9.687 & 0 \\ 0 & 1.0 & 0 & 0 & 0 \\ 0 & 0 & 0 & 0 & 0 \end{pmatrix}, \quad B_0 = \begin{pmatrix} 1.273 \cdot 10^{-8} & 0 & -0.0005405 \\ 1.533 \cdot 10^{-7} & -127.1 & -0.02776 \\ 1.33 \cdot 10^{-5} & 0 & 0 \\ 0 & 0 & 0 \\ 0 & 0 & 0 \end{pmatrix}, \tag{4.84}$$

TABLE 4.4 – Fonctions d'inclusion des q_i, $i = 1, \ldots, 6$.

$q_i(x)$	$q_i^C(\mathcal{D}_x)$	$q_i^L(\mathcal{D}_x)x$	$q_i^R(\mathcal{D}_x)\varrho_{q_i}$
$q_1(x) = p_1(x)$	0	V_{tas}	0
$q_2(x) = p_2(x)$	-4.8309×10^4	$450V_{tas}$	$3.3088 \times 10^3 \varrho_{q_2}$
$q_3(x)$	169.4112	0	$406.5888\varrho_{q_3}$
$q_4(x)$	0.72	0	$1.2\varrho_{q_4}$
$q_5(x) = p_9(x)$	-2.2230×10^7	$157500V_{tas}$	$1.9797 \times 10^6 \varrho_{q_5}$
$q_6(x)$	0.0367	0	$0.0163\varrho_{q_6}$

$$A_1 = \begin{pmatrix} -0.1941 & 0 & 0 & 0 & 0 \\ 0 & -0.18 & 0 & 0 & 0 \\ 0 & 0 & 0 & 0 & 0 \\ 0 & 0 & 0 & 0 & 0 \\ 0 & 0 & 0 & 0 & 0 \end{pmatrix}, \quad B_1 = \begin{pmatrix} 0 & 0 & -0.000121 \\ 0 & 0 & 0 \\ 0 & 0 & 0 \\ 0 & 0 & 0 \\ 0 & 0 & 0 \end{pmatrix}, \tag{4.85}$$

$$A_2 = \begin{pmatrix} 0 & 0 & 0 & 0 & 0 \\ -1.499 & 0 & 0 & 0 & 0 \\ -0.648 & 0 & 0 & 0 & 0 \\ 0 & 0 & 0 & 0 & 0 \\ 0 & 0 & 0 & 0 & 0 \end{pmatrix}, \quad B_2 = \begin{pmatrix} 0 & 0 & -0.0007933 \\ 0 & -88.94 & -0.01808 \\ 0 & 0 & 0 \\ 0 & 0 & 0 \\ 0 & 0 & 0 \end{pmatrix}, \tag{4.86}$$

$$A_3 = \begin{pmatrix} 0 & 0 & -5.327 \cdot 10^{-5} & 0 & 0 \\ 0 & 0 & 0 & 0 & 0 \\ 0 & 0 & 0 & 0 & 0 \\ 0 & 0 & 0 & 0 & 0 \\ 0 & 0 & 0 & 0 & 0 \end{pmatrix}, \quad B_3 = 0_{5\times 3}, \tag{4.87}$$

$$A_4 = \begin{pmatrix} 0 & 0 & 0 & 0 & 0 \\ 0 & 0 & 9.538 \cdot 10^{-5} & 0 & 0 \\ 0 & 0 & -0.002366 & 0 & 0 \\ 0 & 0 & 0 & 0 & 0 \\ 0 & 0 & 0 & 0 & 0 \end{pmatrix}, \quad B_4 = 0_{5\times 3}, \tag{4.88}$$

$$A_5 = \begin{pmatrix} 0 & 0 & 0 & 0 & 0 \\ 0 & 0 & 0 & 0 & 0 \\ 0.09785 & 0 & 0 & -0.09785 & 0 \\ 0 & 0 & 0 & 0 & 0 \\ 0 & 0 & 0 & 0 & 0 \end{pmatrix}, \quad B_5 = 0_{5\times 3}, \tag{4.89}$$

$$A_6 = \begin{pmatrix} 0 & 0 & 0 & 0 & 0 \\ 0 & 0 & 0 & 0 & 0 \\ 0 & 0 & 0 & 0 & 0 \\ 0 & 0 & 0 & 0 & 0 \\ -300.0 & 0 & 0 & 300.0 & 0 \end{pmatrix}, \quad B_6 = 0_{5\times 3}, \tag{4.90}$$

$$A_7 = 0_{5\times 5}, \quad B_7 = \begin{pmatrix} 0 & 0 & 0 \\ 0 & 0 & 0 \\ -3.5 \cdot 10^{-8} & 0 & 0 \\ 0 & 0 & 0 \\ 0 & 0 & 0 \end{pmatrix}, \tag{4.91}$$

$$A_8 = 0_{5\times 5}, \quad B_8 = \begin{pmatrix} 0 & 0 & 0 \\ 0 & 0 & 0 \\ 2.133 \cdot 10^{-8} & 0 & 0 \\ 0 & 0 & 0 \\ 0 & 0 & 0 \end{pmatrix}, \tag{4.92}$$

$$A_9 = 0_{5\times 5}, \quad B_9 = \begin{pmatrix} 0 & 0 & 0.000998 \\ 0 & 0 & -0.04434 \\ 0 & 0 & 0 \\ 0 & 0 & 0 \\ 0 & 0 & 0 \end{pmatrix}, \tag{4.93}$$

$$A_{10} = 0_{5\times 5}, \quad B_{10} = \begin{pmatrix} 0 & 0 & 0 \\ 0 & 0 & 0.1593 \\ 0 & 0 & 0 \\ 0 & 0 & 0 \\ 0 & 0 & 0 \end{pmatrix}, \tag{4.94}$$

$$A_{11} = 0_{5\times 5}, \quad B_{11} = \begin{pmatrix} 9.592 \cdot 10^{-9} & 0 & 0 \\ 0 & 0 & 0 \\ 0 & 0 & 0 \\ 0 & 0 & 0 \\ 0 & 0 & 0 \end{pmatrix}, \tag{4.95}$$

$$A_{12} = 0_{5\times 5}, \quad B_{12} = \begin{pmatrix} -4.933 \cdot 10^{-8} & 0 & 0 \\ 0 & 0 & 0 \\ 0 & 0 & 0 \\ 0 & 0 & 0 \\ 0 & 0 & 0 \end{pmatrix}, \tag{4.96}$$

$$\kappa = \begin{pmatrix} 0.8777 \\ 0.02625 \\ 0.9919 \\ 0 \\ 0 \end{pmatrix}, \quad E = \begin{pmatrix} 0.1836 & -0.02253 & 0 & 0 & 0 & 0.1595 \\ -0.007483 & 0.1232 & 0.02693 & -0.03577 & -0.1223 & 0 \\ 0.4324 & -0.1847 & -0.6681 & 0.8873 & -0.3084 & 0 \\ 0 & 0 & 0 & 0 & 0 & 0 \\ 0 & 0 & 0 & 0 & 0 & 0 \end{pmatrix}. \tag{4.97}$$

Observateur intervalle appliqué au modèle LPV-IB

Le modèle LPV-IB décrit par (4.84)-(4.97) a la forme requise (4.10)-(4.13) pour mettre en oeuvre l'observateur intervalle décrit dans la partie 4.3.1 et, plus particulièrement, dans le théorème 40. En se plaçant tout d'abord dans le cas où $C = I_5$ et $F = 0.01 \cdot \mathrm{diag}(\mathcal{D}_x^r)$, on introduit un gain d'observation L (4.98) tel que la matrice $\breve{A}_0 = A_0 - LC$ ait ses pôles stables fixés à des valeurs désirées (placement de pôle) tout en satisfaisant la condition suffisante énoncée dans la proposition 41 et garantissant la non divergence des bornes sous entrées bornées. Un premier réglage de L donne :

$$L = \begin{pmatrix} 91.42 & 0.9892 & -0.002258 & 0 & 0 \\ -2.142 & 99.36 & 0.0001951 & 0 & 0 \\ 8.762 & 0 & 7.992 & -9.687 & 0 \\ 0 & 1.0 & 0 & 14.0 & 0 \\ 0 & 0 & 0 & 0 & 17.0 \end{pmatrix}. \quad (4.98)$$

Après un calcul hors ligne de la décomposition de Jordan de $\breve{A}_0$ (4.33)-(4.34), l'intégration numérique explicite des équations d'état (4.40) de l'observateur intervalle basé sur le changement de variable[4] (4.41) permet le calcul de l'enveloppe $y^c \pm y^r = [\underline{y}, \overline{y}]$ (4.48) englobant les sorties y à chaque instant (4.50).

Détection de défauts

La détection de défaut s'appuie sur les propriétés d'inclusion de l'ensemble des scénarios spécifiés satisfaites par l'observateur intervalle, en particulier, l'inclusion des sorties mesurées (4.50). Conformément au raisonnement logique que nous avons développé dans la partie 4.3.2, le calcul en ligne du test $T_y(t)$ (4.58) rappelé dans (4.99) permet la détection d'incohérences (4.60) par rapport au modèle de bon fonctionnement décrit par le modèle non linéaire de la dynamique de vol longitudinale (4.61) sur le domaine de validité $\mathcal{D}_x$ (4.100) :

$$T_y(t) \equiv y(t) \notin (y^c(t) \pm y^r(t)), \quad (4.99)$$

$$(\exists t_d, T_y(t_d)) \Rightarrow (\exists t_f, \mathrm{OK}(t_f)). \quad (4.100)$$

4.5 Résultats de simulation

Ce paragraphe présente quelques résultats de simulation pour illustrer la méthodologie. Tout d'abord, la réponse en boucle ouverte de la dynamique longitudinale est illustrée sur la Figure 4.4. Les résultats sont obtenus en simulant le système dynamique non linéaire donné par (4.61) avec un vecteur d'état initial $x(0) = [0.0162; 0; 230; 0.0162; 7000]$. Le vecteur d'entrée $u = [\tau, \sigma, \delta_e]^T$ (4.62) est choisi tel que la poussée et la déviation angulaire du stabilisateur soient constantes ($\tau = 50000\ N$, $\sigma = 0.7°$), alors que la déviation angulaire de l'élévateur δ_e passe de 0° à −2° à l'instant $t = 25\ s$, puis passe à 2° à $t = 50\ s$ et revient à 0° à l'instant $t = 75\ s$ (Figure 4.3). Ce scénario sert de référence pour l'évaluation de la détection de défauts.

4. Le changement de variable variant dans le temps (4.41) ne requiert aucune inversion matricielle en ligne puisque V^{-1} peut être pré-calculée hors ligne.

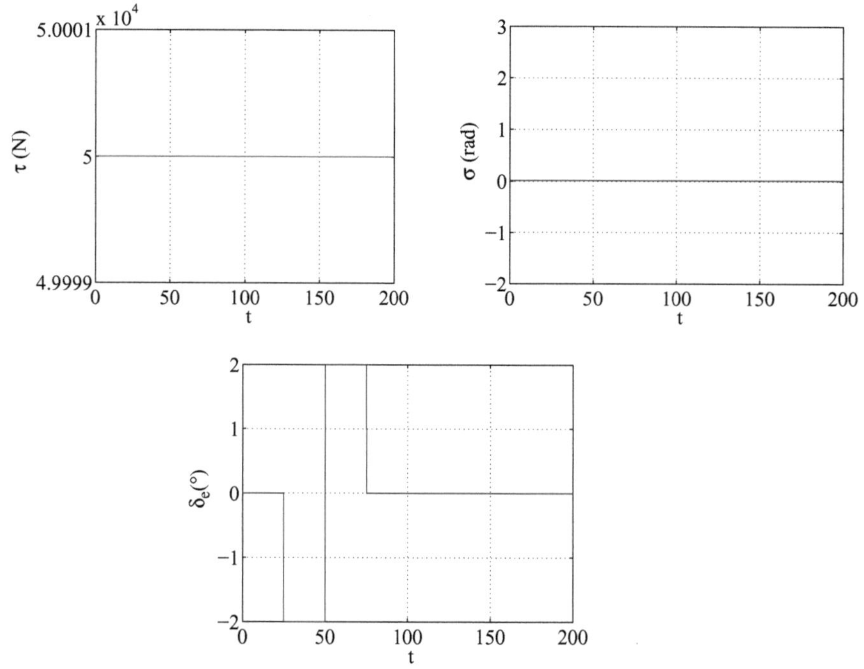

FIGURE 4.3 – Entrées du scénario de référence (sans défaut) pour le modèle longitudinal.

Les résultats de la simulation entre $t = 0$ et $t = 200$ s de l'observateur intervalle permettant d'évaluer les enveloppes sur les états et les sorties sont donnés sur la Figure 4.5. Dans le cas d'un bon fonctionnement, la propriété d'inclusion de la sortie du modèle non linéaire reste vérifiée en présence d'un bruit de mesure $w(t)$ dont chaque composante est uniformément répartie entre -1 et $+1$. L'indicateur $V_x(t) \equiv (x^c(t) \pm x^r(t)) \subset \mathcal{D}_x$ reste à 1 (vrai) pendant toute la simulation tendant ainsi à confirmer que l'on reste bien à l'intérieur du domaine de validité $\mathcal{D}_x$. Toutes les composantes $T_{y_i}(t) \in \{0, 1\}, i = 1, \ldots, 5$, du test de détection de défaut $T_y(t)$ restent quant à elles inactivées du fait de l'absence de défaut dans ce scénario de référence (Figure 4.6).

La suite de cette partie illustre les résultats obtenus dans le cas de défauts modélisés sous la forme d'entrées additives en échelons d'amplitudes exprimées en pourcentage de la valeur maximale des entrées (τ, σ, δ_e). Dans ce travail sur la détection, on se limite à l'étude de défauts simples afin de faciliter l'interprétation des résultats.

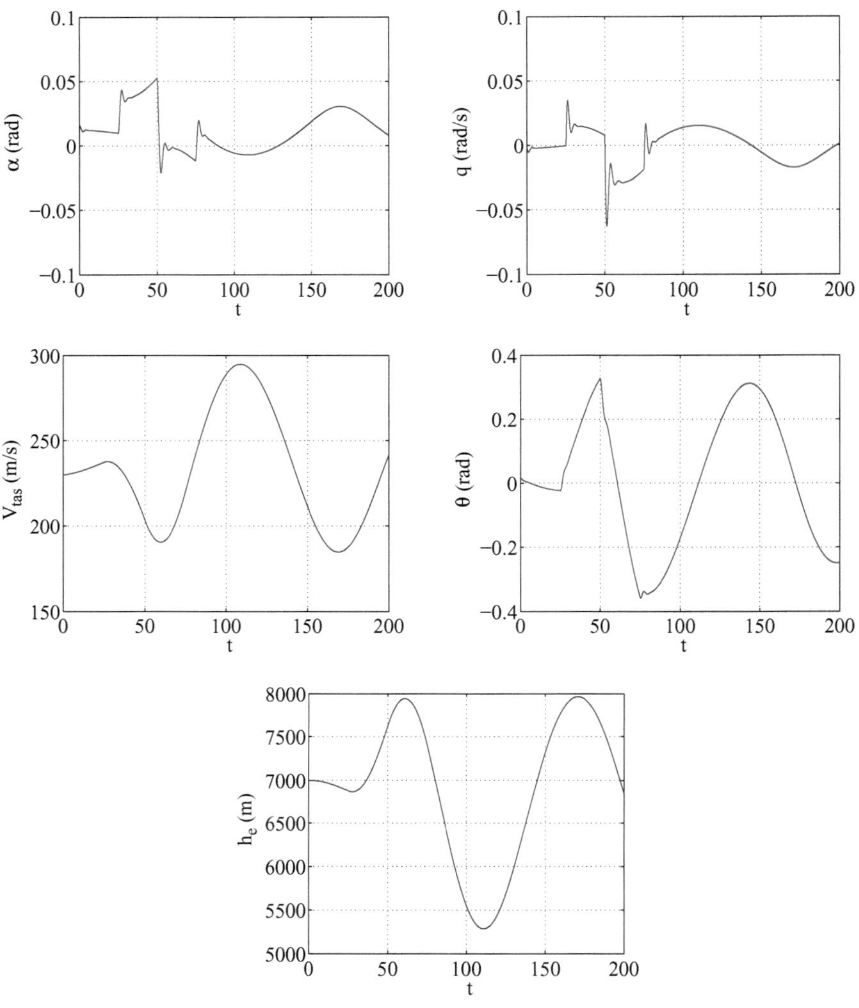

FIGURE 4.4 – Réponse de la dynamique de vol longitudinale décrite par le modèle non linéaire (4.61) au scénario correspondant aux entrées de référence (sans défaut).

Tout d'abord, les résultats des simulations et de la détection en réponse à un défaut en échelon

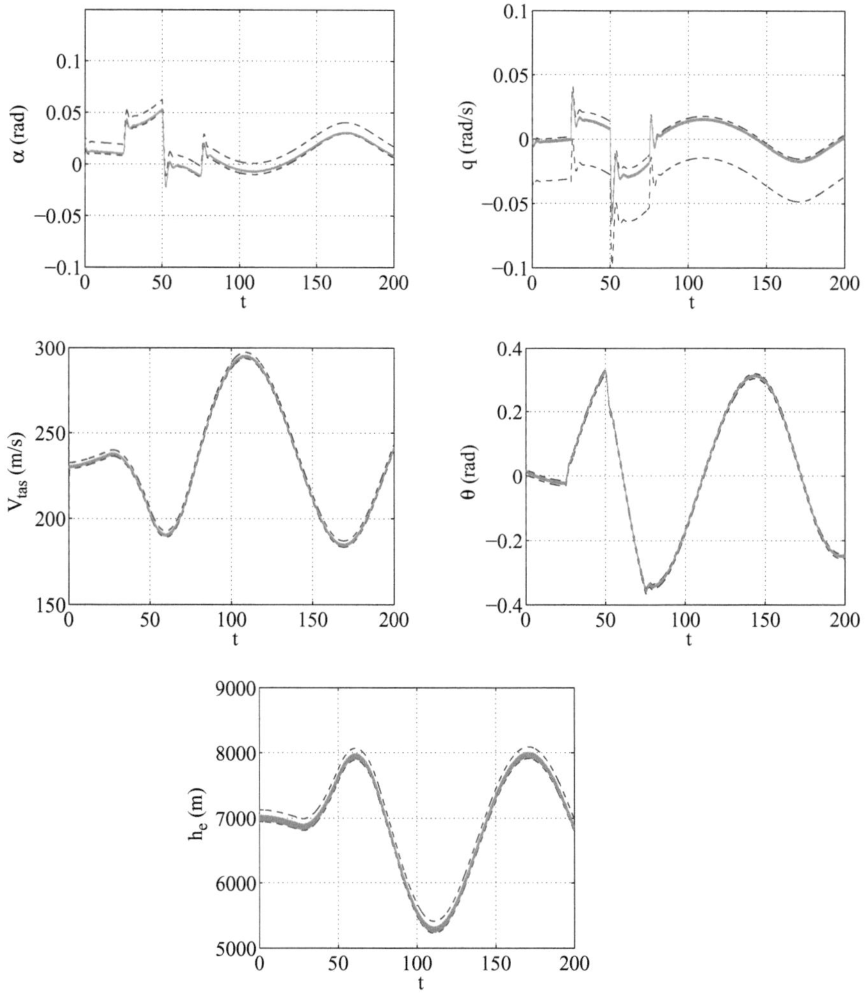

FIGURE 4.5 – Cas sans défaut. Vert (trait continu) : sortie du modèle non linéaire bruité. Bleu (trait discontinu) : bornes inférieures et supérieures calculées par l'observateur intervalle.

sur τ (poussée des réacteurs) d'une amplitude de 10% sont donnés sur les figures 4.7 et 4.8. Le défaut est détecté sur trois (α, θ et h_e) des cinq mesures disponibles dans ce scenario ($C = I_5$), mais

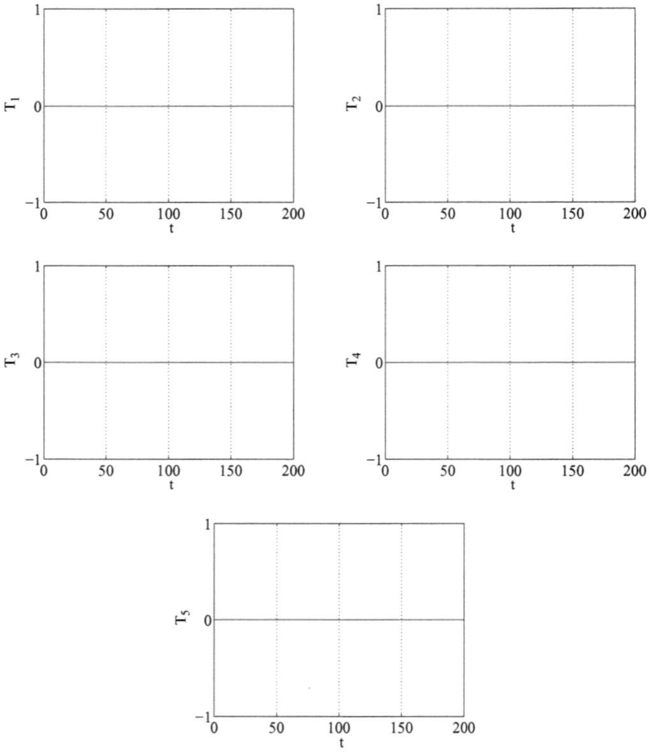

FIGURE 4.6 – Cas sans défaut. Tests de détection ensembliste $T_{y_i}(t) \in \{0,1\}, i = 1, \ldots, 5$.

avec des retards à la détection différents dont le premier est égal à 18.56 s. Les figures montrent une proximité de la limite de sensibilité pour ce défaut.

TABLE 4.5 – Sensibilité de la détection aux défauts (échelons à $t_{\text{défaut}} = 150s$)

	τ	σ	δ_e
Amplitude de défaut (en %)	10%	4%	3%
Instant de détection (en s)	168.56	152.31	152.31

Ensuite, pour chacun de défauts, le tableau 4.5 donne des résultats de sensibilité de la détection. Le gain d'observation L satisfait la condition suffisante décrite dans la proposition 41 et assurant

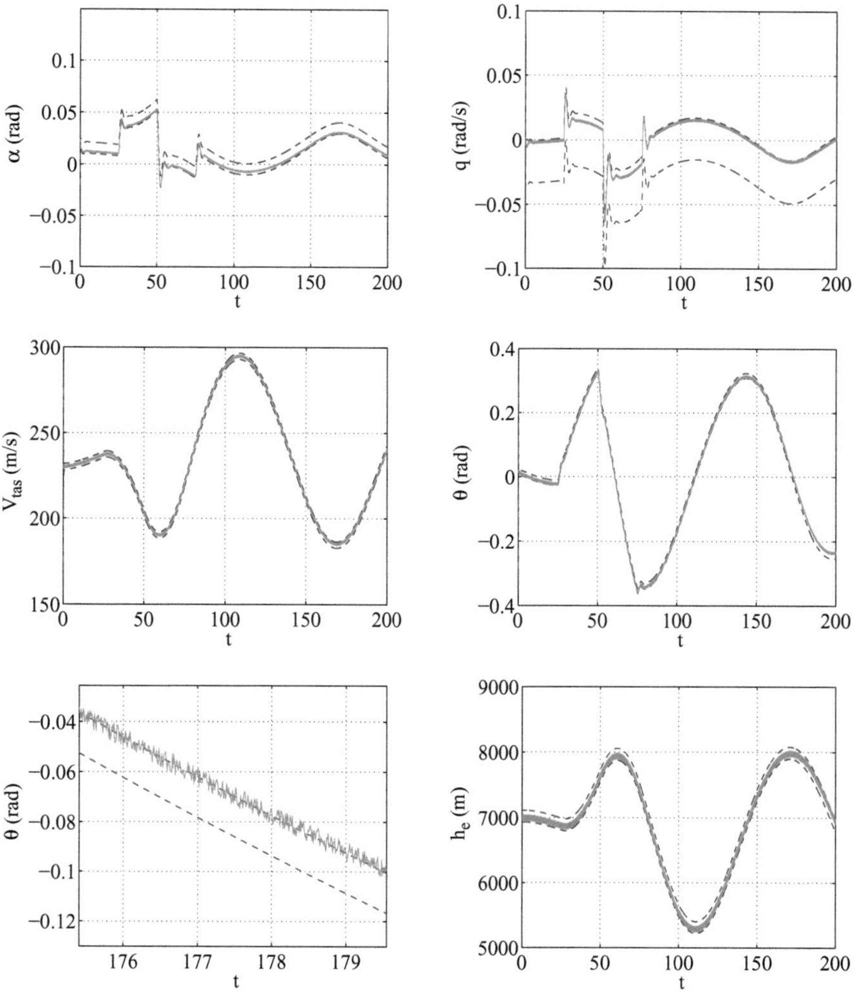

FIGURE 4.7 – Cas d'un défaut de 10% sur la poussée τ à $t = 150s$. Vert (trait continu) : sortie du modèle non linéaire bruité. Bleu (trait discontinu) : bornes inférieures et supérieures calculées par l'observateur intervalle.

la non divergence des bornes. De plus, pour chacun des trois scénarios reportés dans le tableau 4.5, $V(t)$ reste vrai tout au long des simulations, ce qui donne une indication sur le fait que l'état du

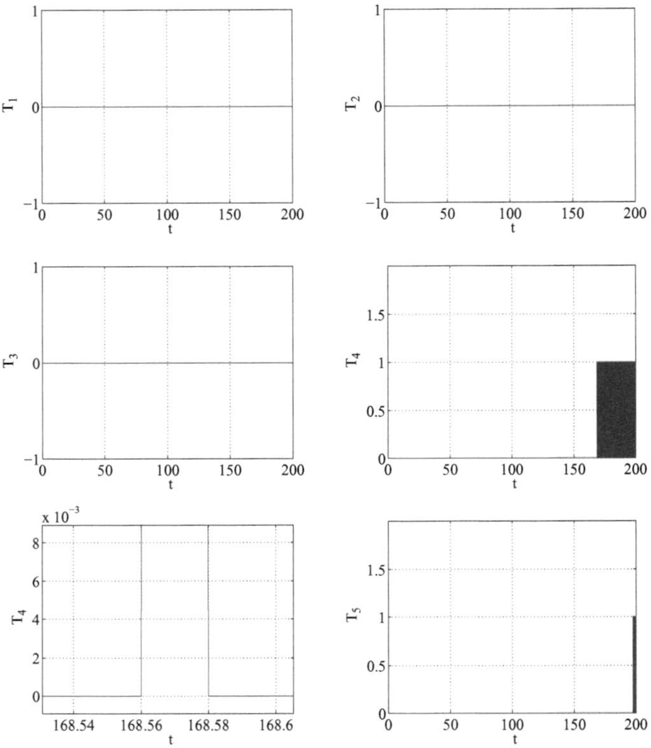

FIGURE 4.8 – Cas d'un défaut de 10% sur la poussée τ à $t = 150s$. Tests de détection ensembliste $T_y(t) \in \{0, 1\}^5$. Zoom relatif à $T_4(t)$ en bas à gauche.

système soit bien resté dans le domaine de validité $\mathcal{D}_x$, au moins jusqu'à l'apparition d'un défaut. Les résultats de la détection de défauts sur le modèle de la dynamique de vol longitudinale montrent une meilleure sensibilité aux défauts affectant la position des surfaces de contrôles (stabilisateurs et élévateurs) qu'à un défaut sur la poussée des réacteurs. Ce dernier est certes bien détecté, mais avec un retard à la détection plus important que pour les autres défauts considérés.

Pour terminer, notons que dans cet exemple les performances en détection (taux de non détections et de fausses alarmes ainsi que le retard à la détection) n'ont pas été confrontées aux spécifications d'un cahier des charges. Il s'agit uniquement de mettre en évidence les différentes étapes de la méthodologie de détection dans le cas où l'on dispose d'un modèle non linéaire dans lequel interviennent plusieurs paramètres physiques. Une étude plus poussée sera nécessaire pour inclure un modèle de performance du système de commande et pour effectuer des tests en sélectionnant plusieurs scénarios de vol afin de conclure sur la robustesse et les performances de ce schéma.

4.6 Conclusion

Dans ce chapitre, nous avons proposé une méthodologie de synthèse de tests ensemblistes pour la détection de défauts des systèmes non linéaires à incertitudes bornées. Partant du constat que l'état de l'art actuel ne permet de prouver des propriétés de convergence des enveloppes calculées que pour des classes relativement restreintes de systèmes dynamiques non linéaires, l'approche que nous avons présentée consiste à passer par l'intermédiaire d'un modèle LPV à incertitudes bornées pour la synthèse d'observateurs intervalles dédiés à la détection de défauts. Nous avons donc proposé une méthode de tranformation garantie d'un modèle non linéaire en modèle LPV. Ensuite, en se basant sur cette approche ainsi que sur les observateurs intervalles développés dans le chapitre 2 dédiés aux systèmes LPV, nous avons abouti à la méthodologie générique proposée pour la détection des défauts des systèmes NL-IB.

Le pari sur lequel repose cette méthodologie est que le pessimisme introduit par l'approximation LPV à incertitudes bornées (LPV-IB) de dynamiques non linéaires (avec garantie d'inclusion sur un certain domaine de validité) puisse être compensé par une meilleure maîtrise de la propagation des incertitudes et/ou des temps de simulation par rapport à un traitement direct de dynamiques non linéaires NL-IB très générales. De ce point de vue, les résultats obtenus sur un modèle non linéaire décrivant la dynamique longitudinale d'un avion sont encourageants. Les temps de calculs en ligne se résument à l'intégration numérique des équations d'état explicites de l'observateur intervalle appliqué au modèle LPV-IB.

Notons que le bruit de mesure peut avoir un impact significatif sur la détection en termes de sensibilité aux défauts et de délais de détection. Dans ce chapitre, nous avons développé une méthodologie ensembliste garantissant une robustesse vis-à-vis des perturbations aussi longtemps que les hypothèses sur les bornes du bruit de mesure et des incertitudes restent valides, et ce, tout en conservant une certaine sensibilité aux défauts. Pour une amélioration du compromis entre la sensibilité aux défauts et la robustesse vis-à-vis du bruit et des perturbations, une autre approche, dans un contexte d'erreurs bornées, est proposée dans le chapitre suivant.

Chapitre 5

Application à la détection des positions anormales des surfaces de contrôle d'un avion civil

5.1 Introduction

Dans le chapitre précédent, nous avons proposé une technique générique de synthèse de tests ensemblistes, à base d'observateurs intervalles, pour la détection de défauts pour des systèmes non linéaires à incertitudes bornées. Cette technique garantit la robustesse de la détection aussi longtemps que les hypothèses sur les bornes des incertitudes restent valides. En contrepartie, cette robustesse se traduit souvent par une faible sensibilité aux défauts que l'on cherche à détecter. Cette situation est souvent problématique dans beaucoup d'applications où le compromis performance/robustesse en détection doit être géré selon les spécifications d'un cahier des charges.

Le fait de considérer que le bruit est simplement borné à chaque instant et encadré par un intervalle, conduit naturellement à imposer des bornes suffisamment larges pour éviter des fausses alarmes, et ceci au détriment de la sensibilité aux défauts. L'objet de ce chapitre est de proposer une solution pour une meilleure gestion des contraintes de robustesse et de sensibilité. La méthodologie développée est appliquée à la détection des pannes de type embarquement et blocage des gouvernes dans le système de commandes de vol d'un avion civil. La détection précoce et robuste de pannes d'amplitudes de plus en plus faibles permet d'alléger la structure de l'avion et donc d'améliorer son empreinte environnementale, c'est-à-dire moins de consommation de carburant, moins de rejet des particules nocives dans l'atmosphère et moins de bruit [125].

Dans la suite, nous allons d'abord présenter l'application et le problème de détection associée avant de développer la méthodologie. Les simulations sont effectuées à l'aide d'un jeu de données prélevé sur un benchmark proposé par Airbus dans le cadre du projet européen ADDSAFE [1].

5.2 Problématique

5.2.1 Embarquement et blocage dans le système de commandes de vol

Ces pannes surviennent dans la chaîne d'asservissement en position des gouvernes entre le calculateur de commandes de vol et les surfaces de contrôle, y compris ces deux éléments (Voir la figure 5.1). Notre étude sera principalement centrée sur la détection de pannes affectant les gouvernes de profondeur. On appelle embarquement un mouvement non commandé de la gouverne qui peut entraîner celle-ci jusqu'à sa butée aérodynamique ou mécanique si le phénomène n'est pas détecté à temps. En cas d'embarquement, la position de la gouverne augmente, se stabilise au moment de la détection de la panne pendant un certain temps (reconfiguration du système) et revient ultérieurement à sa position commandée grâce à l'actionneur adjacent. Différents éléments sont susceptibles de générer ce type de pannes : générateur du courant émis vers la servovalve, panne du capteur de position qui pourrait entraîner, suite à l'asservissement, un déplacement non-désiré de la gouverne, panne de la servovalve, rupture d'une pièce mécanique, etc. On appelle grippage de gouverne, ou "jamming", la situation d'une gouverne qui reste figée à sa position courante. Dans ce cas, il est important de préciser la difficulté de détecter une gouverne bloquée autour de 0°. Les approches existantes permettent la détection des surfaces bloquées à une amplitude supérieure à un certain seuil. Le lecteur peut se référer à [125] pour plus de précisions.

5.2.2 Besoin d'amélioration

L'embarquement et le blocage d'une gouverne, en fonction du point de vol, peuvent avoir des conséquences sur le guidage de l'avion, sur le dimensionnement de sa structure ainsi que sur ses performances. Par exemple, une anomalie de type embarquement a pour effet d'engendrer des charges importantes sur la structure de l'aéronef. Il peut être donc nécessaire de détecter cette anomalie

1. http ://addsafe.deimos-space.com/

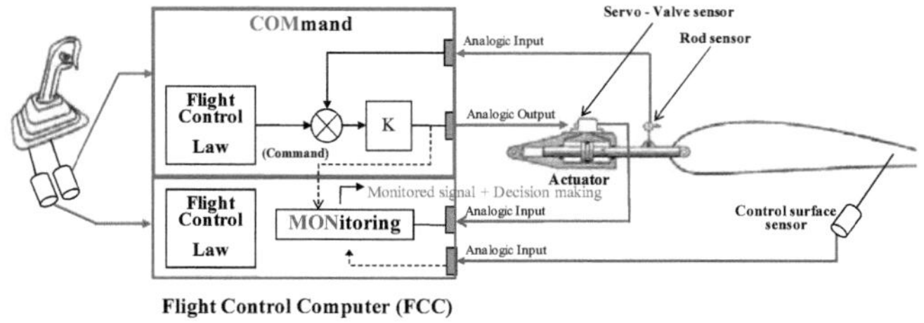

FIGURE 5.1 – Schéma simplifié de la chaîne d'asservissement de la surface de contrôle.

très rapidement, c'est-à-dire avant que la position de la gouverne ne soit trop importante. En effet, l'avion est conçu pour absorber une certaine enveloppe de charge (dimensionnée hors panne) et il faut garantir, grâce à des surveillances adaptées, la préservation de cette enveloppe. Si cela ne peut pas être garanti, il faut renforcer la structure de l'avion, c'est-à-dire l'alourdir, au détriment de sa consommation et de son impact environnemental [46, 47].

Plusieurs études ont été réalisées récemment pour apporter des solutions à base de modèles à ce problème [125]. Les travaux présentés dans ce chapitre s'inscrivent dans la continuité de ces études, mais en adoptant une approche ensembliste.

5.3 Modélisation physique

La gouverne de profondeur intérieure se déplace par le biais d'un actionneur hydraulique. Le modèle non-linéaire de l'actionneur est obtenu en tenant compte de son comportement physique, i.e. la vitesse de la tige du vérin est une fonction de la pression hydraulique appliquée sur l'actionneur et des forces exercées sur la gouverne.

À partir des lois de base de la physique, le modèle non-linéaire de la gouverne de profondeur est obtenu ([125, 46]). Il est décrit par :

$$\left\{ \begin{array}{l} \dot{x}(t) = \gamma(u(t), x(t))(u(t) - x(t)), \\ y(t) = x(t) + \delta(t), \end{array} \right. \tag{5.1}$$

$$\gamma(u(t), x(t)) = K_{ci} K \sqrt{\frac{S\Delta P(t) - F_{aero}(t)}{S\Delta P_{ref} + K_a(t)(K_{ci}K(u(t) - x(t)))^2}} \tag{5.2}$$

où x représente la position de la tige de l'actionneur (qui peut être convertie en une position estimée de la surface de contrôle), y est la mesure, δ est l'erreur de sortie, $\Delta P(t)$ est la différence de pression hydraulique disponible sur l'actionneur, $F_{aero}(t)$ est la force aérodynamique subie par la gouverne. Selon la surface de contrôle, F_{aero} est une fonction de plusieurs paramètres de vol comme le nombre de Mach, la pression dynamique, la configuration aérodynamique, etc.... $K_a(t)$ est le coefficient d'amortissement de l'actionneur. S est la section du vérin. ΔP_{ref} est la différence de pression de référence correspondant à la vitesse maximale de la tige. $u(t)$, signal de commande, est l'ordre de position issu des lois de pilotage. K est le gain de régulation de la servocommande (voir figure 5.1) et K_{ci} est une fonction permettant la conversion du courant de commande en vitesse.

Notons ici que plusieurs termes figurant dans (5.2) varient dans le temps et ne sont pas exactement connus, mais peuvent être estimés en utilisant la mesure de certains paramètres de vol. En particulier, F_{aero} peut être estimée en se basant sur des mesures disponibles des paramètres de vol $\phi = [P_d,\ \alpha,\ \pi,\ Mach]$ où P_d est la pression dynamique, α est l'angle d'attaque, π est la vitesse de tangage et $Mach$ est le nombre de Mach. Dans ce travail, une régression linéaire, comme dans [52], a été utilisée pour estimer le vecteur de paramètres $\theta \in \mathbb{R}^4$ fournissant un modèle de F_{aero} à chaque instant d'échantillonnage k donné comme suit :

$$\hat{F}_{aero}(\phi_k) = P_{d,k}(\theta_0 + \theta_1\alpha_k + \theta_2\alpha_k\pi_k/Mach_k + \theta_3 y_k) \tag{5.3}$$

5.4 Discrétisation et représentation LPV du modèle

La méthodologie de détection de défauts que nous présentons dans la suite de ce chapitre est basée sur une représentation LPV à temps discret de (5.1) sous la forme (5.4) :

$$\left\{\begin{array}{rcl} x_{k+1} & = & g_k x_k + (1-g_k)h_k u_k, \quad x_0 \in (x_0^c \pm x_0^r), \\ y_k & = & x_k + \eta_k, \end{array}\right. \tag{5.4}$$

$$g_k \in (g_k^c \pm g_k^r), \quad h_k \in (h_k^c \pm h_k^r), \quad \eta_k \in (0 \pm \eta_k^r) \tag{5.5}$$

où $u_k \in \mathbb{R}$ est l'entrée du système, $x_k \in \mathbb{R}$ est l'état, $y_k \in \mathbb{R}$ est la mesure et $\eta_k \in \mathbb{R}$ représente un bruit supposé borné. $\pm$ est un opérateur qui retourne un intervalle à partir de son centre et de son rayon, i.e. $c \pm r = [c-r, c+r]$. Les exposants c et r désignent respectivement le centre et le rayon d'un intervalle sous forme centrée.

Les valeurs exactes de g_k et h_k ne sont pas accessibles à chaque instant mais elles appartiennent à des intervalles (5.5) variant dans le temps. Notons que le modèle (5.4) peut être dérivé de (5.1)-(5.2), en se basant sur l'estimation de la force aérodynamique (5.3), en remplaçant x par y dans (5.2) et en utilisant un schéma d'Euler avec une faible valeur de T (période d'échantillonnage).

Nous pouvons donc écrire que $g_k^c = 1 - T\hat{\gamma}(u_k, y_k, \phi_k, \theta)$ et nous limiter à $h_k^c = 1$ dans l'application étudiée. (g_k^r, h_k^r) sont réglés de telle sorte que tous les phénomènes non modélisés soient bien englobés par $(x_k^c \pm x_k^r)$. L'expression empirique de g_k^r est $g_k^r = min(\kappa_1 + \kappa_2|u_k - x_k^c|, \kappa_3)$ où $\kappa = [\kappa_1, \kappa_2, \kappa_3] > 0$ est un vecteur dont les composantes sont des constantes positives.

Dans l'équation d'état de (5.4), nous distinguons g_k et h_k, qui pourraient servir à ajuster respectivement la constante de temps et le gain statique utilisés pour la modélisation du système. Cette distinction garde toute son importance dans notre cas d'étude. En effet, une grande incertitude sur g_k peut affecter de manière significative le résidu utilisé pour la détection de défauts pendant le régime transitoire, tout en préservant une très bonne précision pendant le régime permanent dans le cas où h_k reste bien connu. Une propagation adéquate des incertitudes bornées doit permettre de tenir compte et de caractériser explicitement ces phénomènes.

Contrairement à x_0, g_k et h_k, on ne dispose pas de bornes *a priori* η_k^r pour le bruit de mesure η_k. La caractérisation des bornes du bruit de mesure est effectuée à l'aide d'une approche à base de données que nous allons présenter dans la suite.

5.5 Approche proposée

La méthodologie de détection de défauts proposée s'inscrit dans un contexte à erreurs bornées et comporte :

i) une technique de caractérisation explicite de la variabilité du *bruit* de mesure (i.e. comportement aléatoire du bruit) ;

ii) un générateur de résidu intervalle à base de méthodes ensemblistes caractérisant l'imprécision du *signal* de sortie ;

iii) une technqiue de décision pour la détection de défauts affectant la surface de contrôle d'un avion (gouverne de profondeur).

Dans la suite, nous allons détailler tout d'abord une caractérisation explicite du bruit basée sur des données. Ensuite, une méthode à base de modèle utilisant un prédicteur intervalle est développée. Enfin, nous proposerons une procédure de détection de défauts combinant ces deux techniques.

5.5.1 Évaluation à base de données de l'imprécision et de la variabilité

Caractérisation du bruit

Les approches ensemblistes sont généralement bien adaptées pour représenter des incertitudes résultant d'un manque de connaissance sur un système donné. Elles offrent un certain nombre d'outils pour la propagation garantie des incertitudes. Néanmoins, lorsqu'il s'agit d'un environnement bruité, le calcul des bornes englobant tous les cas possibles d'un signal bruité peut laisser penser que le concepteur doit choisir entre la préservation de la robustesse des enveloppes au prix d'une faible sensibilité de la décision ou tolérer des décisions susceptibles d'être affectées par des valeurs aberrantes. Ce dernier constat est en contradiction avec la notion de garantie motivant le paradigme des approches à erreurs bornées. Afin d'assurer un bon compromis entre la sensibilité et la robustesse [2], l'intérêt de bien distinguer deux formes d'incertitudes a été mis en évidence dans différents travaux. Ainsi [7] distingue en particulier les notions de *variabilité* et d'*imprécision*. Alors que la variabilité reflète un comportement naturellement aléatoire dans un processus physique, l'imprécision est l'incertitude induite par un manque de connaissance ou d'information. Comme indiqué dans [7], la variabilité est une forme d'incertitude généralement bien décrite dans un contexte stochastique. La question de l'étude de la variabilité dans un contexte à erreurs bornées reste néanmoins posée, et ce constat a motivé l'approche proposée.

Avant de passer à la formalisation de la variabilité, considérons tout d'abord une variable V définie sur un domaine borné $D^V = \overline{V}^c \pm \overline{V}^r \subset \mathbb{R}$. Supposons que la valeur imprécise de V appartienne à l'intervalle $V^c \pm V^r$. La quantité $V^r/\overline{V}^r$, pour $\overline{V}^r \neq 0$, représente une *mesure d'imprécision* (i.e. une mesure du manque de connaissance sur la valeur précise de V). Si $\overline{V}^r = 0$, alors $V^r = 0$ et cette valeur est interprétée comme une précision complète (100%) et une imprécision nulle.

Contrairement à l'imprécision qui est très liée aux bornes d'une grandeur, la variabilité apparaît comme une notion liée à la manière dont une variable bornée varie entre ses bornes. Par conséquent, la variabilité se réfère à plusieurs réalisations de cette grandeur. Lorsque les réalisations considérées sont obtenues à des instants distincts, la variabilité porte sur le signal correspondant. Avant de formaliser un certain nombre de définitions, un exemple simple est d'abord présenté afin de mettre en évidence la notion de variabilité dans un contexte à erreurs bornées.

Exemple 44 *Considérons un signal $u = (u_k)_{k\in\mathbb{N}}$ où u_k est une variable décrivant le signal u à l'instant k. $\tilde{u}_k$ désigne alors la valeur de la variable u_k, c'est-à-dire la valeur prise par le signal*

2. Dans un contexte de détection de défauts : sensibilité aux défauts et robustesse vis-à-vis des perturbations.

u à l'instant k. Supposons que le signal u est borné entre -1 et $+1$, i.e. $\tilde{u}_k \in [-1,+1]$, $\forall k \in \mathbb{N}$. Par conséquent, l'imprécision sur la valeur $\tilde{u}_k$ est la même pour tous les instants k étant donné que tous les rayons des intervalles sont égaux à 1. Considérons maintenant un signal y résultant du filtrage de u en utilisant un filtre discret du premier ordre, F_a, avec un gain statique unitaire et un pôle a ($0 < a < 1$) : $y_{k+1} = ay_k + (1-a)u_k$, $y_0 \in [-1,+1]$. Selon la variabilité de u, différents niveaux de précision peuvent être déduits sur les valeurs prises par y. Ainsi, si aucune information n'est disponible sur la variabilité de u, la meilleure précision (plus petite imprécision) qui peut être déduite sur y_k est 1. Ceci s'explique par le fait que $[-1,+1] = a[-1,+1] + (1-a)[-1,+1]$ est le plus petit intervalle englobant toutes les valeurs possibles de y. Cependant, pour que y_k atteigne la borne $+1$ (resp. -1), les valeurs de u doivent impérativement rester constantes au cours du temps et égales à leur valeur maximale (resp. minimale) 1 (resp. -1). Or, ceci ne peut pas être assuré si le signal est bruité. Dans ce cas, la notion de variabilité doit être introduite pour représenter le fait que $\tilde{u}_k$ ne peut pas être fixée tout le temps à sa valeur maximale (resp. minimale). En fonction de la variabilité de u, de meilleurs niveaux de précision que 1 peuvent être déduits sur les valeurs prises par y.

Dans la suite, nous allons proposer une caractérisation de la variabilité des signaux discrets $u = (u_k)_{k \in K^* \subset \mathbb{Z}}$ basée sur des moyennes glissantes $u_{k/q}$ sur des fenêtres temporelles de largeur q. L'ensemble K^* n'est pas forcément borné (e.g. $K^* = \mathbb{Z}$).

Nous supposons ici que la caractérisation a lieu à l'instant $k = 0$. Dans ce contexte, $k < 0$ fait référence aux données disponibles à partir des expériences passées, et les instants futurs $k \geq 0$ renvoient au futur du signal u. Une caractérisation théorique de la variabilité du signal u peut alors être définie comme étant une fonction $\lambda_u^* : \mathbb{N} \mapsto \mathbb{R}$, $q \to \lambda_u^*(q)$ où $\lambda_u^*(q)$ est donné par :

$$\lambda_u^*(q) = \max_{k \in K^*} |u_{k/q}|, \quad u_{k/q} = \frac{1}{q} \sum_{\tau=k-q+1}^{k} u_\tau, \tag{5.6}$$

La variabilité est ainsi obtenue à l'aide d'une relation entre les variables u_k. Une conséquence immédiate de cette définition est : $\forall k \in \mathbb{Z}, \forall q \in \mathbb{N}, u_{k/q} \in 0 \pm \lambda_u^*(q)$. Lorsque $q = 1$, les bornes d'erreur classiques sont obtenues ($0 \pm \lambda_u^*(1)$). D'après (5.6), $\forall q, \lambda_u^*(q) \leq \lambda_u^*(1)$, ce qui signifie que la moyenne peut aider à réduire l'imprécision.

Comme tout le futur de u n'est pas disponible, une caractérisation pratique de la variabilité de u peut être définie par : $\lambda_u : Q \mapsto \mathbb{R}$, $q \to \lambda_u(q)$ où $Q = \{1, \ldots, \overline{q}\} \subset \mathbb{N}$ et $\lambda_u(q)$ est donnée par

(5.7) :

$$\lambda_u(q) = \max_{k \in K \subset (K^* \cap \mathbb{Z}^-)} \varsigma |u_{k/q}|, \tag{5.7}$$

$$\forall q \in Q,\ \lambda_u^*(q) \leq \lambda_u(q), \tag{5.8}$$

ς est un facteur (> 1) assurant la validité pratique de l'hypothèse (5.8) et K indique les échantillons ($k \in \mathbb{Z}^-$) disponibles du signal u. (5.8) correspond à une hypothèse de stationnarité signifiant que la caractérisation de la variabilité du signal u obtenue à partir des données disponibles (passées) permet de déduire une information pertinente dans le futur. On peut alors constater un lien très fort avec le contexte stochastique. D'un point de vue pratique, l'hypothèse (5.8) est bien satisfaite pour les signaux stationnaires bruités (i.e. ayant un comportement aléatoire) indépendamment de la façon dont leur densité de probabilité est distribuée. Ce point motive l'évaluation d'un seuil sur le résultat du filtrage du signal bruité u caractérisé par (5.7)-(5.8).

En ce qui concerne la caractérisation pratique de la variabilité, le stockage de $\{\lambda_u(q),\ q \in \{1, \ldots, \overline{q}\}\}$ sur une large fenêtre $\overline{q}$ peut nécessiter un espace mémoire non négligeable pour certaines applications embarquées. Néanmoins, une régression donnant des paramètres (α, β, γ) tels que $\lambda_u(q) < \alpha q^\gamma + \beta$ peut être utilisée pour réduire considérablement les besoins en mémoire tout en préservant des calculs simples en ligne.

Notons que la fonction λ_u caractérisant la variabilité n'est pas une mesure de variabilité, mais la première peut être utilisée pour définir la seconde, comme l'explique la remarque suivante.

Remarque 45 *Une mesure de variabilité utilisant la caractérisation à partir des données peut être définie par* $v(u) = \frac{1}{\zeta(2)-1} \sum_{q \in Q} \left(1 - \frac{\lambda_u(q)}{\lambda_u(1)}\right) \frac{1}{q^2}$ *où* $\zeta(2) = \sum_{q=1}^{\infty} \frac{1}{q^2} = \frac{\pi^2}{6}$ *(série de Riemann) et* $Q = \mathbb{N} \backslash \{0\}$*. Le choix d'une telle mesure n'est pas unique : il est motivé par des valeurs normalisées entre 0 et 1. La mesure de variabilité exprime l'ampleur de la diminution du maximum des valeurs moyennes obtenues lorsque la longueur de l'horizon temporel utilisé augmente.*

Une caractérisation facilement réalisable de signaux bruités en se basant sur des moyennes glissantes vient d'être proposée dans le cadre d'une approche guidée par les données. La prise en compte de la variabilité dans un contexte à erreurs bornées permet alors d'augmenter la précision des valeurs prédites.

Filtrage du bruit et évaluation d'un seuil

Le filtrage d'un signal bruité u est considéré dans ce paragraphe. En se basant sur la caractérisation pratique de la variabilité, λ_u, l'évaluation d'un seuil robuste englobant la grandeur filtrée est proposée. Tout en préservant la couverture complète procurée par les techniques à erreurs bornées, nous allons montrer que la prise en compte de la variabilité permet une amélioration remarquable de la précision lorsque $v(u) > 0$.

Proposition 46 (Évaluation du seuil avec un filtrage du premier ordre) *Soient un signal scalaire réel $u = (u_k)_{k\in\mathbb{N}}$ caractérisé par $\lambda_u(q)$, $q \in Q = \{1, \ldots, \overline{q}\}$, $\overline{q} \in \mathbb{N}$, et un nombre $r \in Q$ d'échantillons passés représentant l'historique utilisé pour l'évaluation du seuil. On considère un filtre discret du premier ordre, F_a, décrit par (5.9)-(5.10) où, $\forall k \geq r$, $x_{k-r} \in (0 \pm \mu_{k-r}) \subset \mathbb{R}$, $0 < a < 1$, $b \geq 0$, $c \geq 0$:*

$$x_k = ax_{k-1} + bu_k, \quad (5.9)$$

$$y_k = cx_k, \quad (5.10)$$

Alors, $\forall k \geq r$, $|y_k| \leq \tau_{k,r}$, où le seuil $\tau_{k,r} = \tau(\lambda_u, r, \mu_{k-r}, a, b, c)$ est donné par :

$$\tau_{k,r} = ca^r \mu_{k-r} + cbr(a^{r-1})\lambda_u(r) + cb\sum_{q=1}^{r-1} q(a^{q-1} - a^q)\lambda_u(q) \quad (5.11)$$

□

Preuve. En développant r fois la récurrence (5.9), on obtient :

$$x_k = a^r x_{k-r} + b(\,a^{r-1}u_{k-r+1} + a^{r-2}u_{k-r+2} + \ldots + a^1 u_{k-1} + a^0 u_k\,).$$

x_k est ensuite réécrit de manière à mettre en évidence les sommes cumulées des échantillons d'entrée :

$$x_k = a^r x_{k-r} + b(\,a^{r-1}(u_{k-r+1} + \ldots + u_k) + (a^{r-2} - a^{r-1})(u_{k-r+2} + \ldots + u_k) + \ldots \\ +(a^1 - a^2)(u_{k-1} + u_k) + (a^0 - a^1)u_k\,),$$

$$x_k = a^r x_{k-r} + b(\,r(a^{r-1})u_{k/r} + (r-1)(a^{r-2} - a^{r-1})u_{k/(r-1)} + \ldots + 2(a^1 - a^2)u_{k/2} + 1(a^0 - a^1)u_{k/1}\,).$$

À partir de l'équation (5.10), nous avons $y_k = ca^r x_{k-r} + cbr(a^{r-1})u_{k/r} + cb\sum_{q=1}^{r-1} q(a^{q-1} - a^q)u_{k/q}$. Etant donné que $0 < a < 1$, alors $\forall q \geq 1, (a^{q-1} - a^q) > 0$. Par ailleurs, $b \geq 0$, $c \geq 0$, et en se basant sur (5.6)-(5.8), la caractérisation $\lambda_u(q)$ assure que $\forall q \in Q$, $\forall k \geq q$, $|u_{k/q}| \leq \lambda_u(q)$ (ou, de manière équivalente, $u_{k/q} \in 0 \pm \lambda_u(q)$). $|.|$ désigne l'opérateur de valeur absolue. Ainsi, grâce aux propriétés élémentaires de l'arithmétique par intervalles, on a : $y_k \in 0 \pm (ca^r \mu_{k-r} + cbr(a^{r-1})\lambda_u(r) +$

$cb\sum_{q=1}^{r-1} q(a^{q-1} - a^q)\lambda_u(q))$. □

Nous allons maintenant montrer comment la proposition 46 peut être utilisée afin de construire des résidus robustes dans un contexte de détection de défauts. Pour garder les notations utilisées dans la proposition 46, le signal associé à un résidu est noté $u = (u_k)_{k\in\mathbb{N}}$, et sa variabilité est caractérisée par $\lambda_u(q)$, $q \in Q = \{1, \ldots, \overline{q}\}$, $\overline{q} \in \mathbb{N}$.

Afin d'améliorer la procédure de décision pour la détection de défauts dans le cadre de réalisations bruitées, les résidus sont généralement filtrés avant de les comparer à un seuil. Ainsi, le résidu u est filtré par un filtre discret du premier ordre, F_a, avec un gain statique unitaire (obtenu par exemple avec $b = (1-a)$, $c = 1$) et un pôle discret a ($0 < a < 1$). Un tel filtre peut être représenté par une représentation d'état par les équations (5.9)-(5.10). Ensuite, un seuil robuste τ englobant y de manière garantie, sous réserve de validité de la caractérisation de u, est donné comme un corollaire de la proposition 46 :

Corollaire 4 *On suppose que les hypothèses de la proposition 46 sont valides. Soit u un résidu, avec une caractérisation $\lambda_u(q)$, $q \in Q = \{1, \ldots, \overline{q}\}$, $\overline{q} \in \mathbb{N}$, $b = (1-a)$, $c = 1$ (filtre avec un gain statique unitaire), $r = \min(k, \overline{q})$ et, $\forall k \in \mathbb{N}$, $\mu_{k-r} = \lambda_u(1)$. Alors, un seuil τ permettant d'englober de manière garantie y est donné par :*

$$\forall k < \overline{q},\ |y_k| \leq \tau_k, \quad avec \quad \tau_k = \tau_{k,k}|_{\mu_{k-r}=\lambda_u(1)} \tag{5.12}$$

$$\forall k \geq \overline{q},\ |y_k| \leq \tau_k, \quad avec \quad \tau_k = \tau_{k,\overline{q}}|_{\mu_{k-\overline{q}}=\lambda_u(1)} = constant \tag{5.13}$$

□

Preuve. La preuve du corollaire 4 est basée sur le fait qu'un filtre du premier ordre à variables réelles ne présente pas de dépassement. Par conséquent, si la condition initiale se trouve dans la plage des valeurs d'entrée (comme avec $\mu_{k-r} = \lambda_u(1)$), la sortie va nécessairement rester dans cette même plage. Etant donné que $c = 1$, l'état x_k du filtre et la sortie filtrée y_k sont les mêmes dans ce corollaire. Par conséquent, sous l'hypothèse $\mu_0 = \lambda_u(1)$ (il suffit de choisir $x_0 = u_0$), l'application de la proposition 46 implique le résultat indiqué dans le corollaire 4. □

Notons que τ varie pendant une courte durée de $\overline{q}$ échantillons (pour $k < \overline{q}$). Ensuite, $\forall k \geq \overline{q}$, $\tau_k = \tau$ est une valeur constante (5.13) qui peut être facilement pré-calculée hors ligne à l'aide de la caractérisation λ_u du résidu u. Lorsque $b = 1 - a$ et $c = 1$:

$$\tau = a^{\overline{q}}\lambda_u(1) + (1-a)\left(\overline{q}(a^{\overline{q}-1})\lambda_u(\overline{q}) + \sum_{q=1}^{\overline{q}-1} q(a^{q-1} - a^q)\lambda_u(q)\right) \tag{5.14}$$

La pertinence du seuil proposé est illustrée dans la figure 5.2 où une distribution normale, ainsi qu'une distribution uniforme, d'un signal bruité u sont considérées. Les figures du haut illustrent la distribution des valeurs du signal. Les figures au milieu correspondent à la caractérisation $\lambda_u(q)$ obtenue en se basant sur les moyennes glissantes. Les figures du bas correspondent au signal d'entrée u non filtré (bleu) et au signal filtré y (rouge) obtenu avec $a = 0.9$. Comme le montrent les figures du bas, le seuil robuste permet d'améliorer la sensibilité quelle que soit la distribution des valeurs du signal d'entrée. A noter que la mesure de variabilité est $v(u) \approx 0.46$ dans le cas de la distribution normale et $v(u) \approx 0.13$ dans le cas uniforme. La faible variabilité de la distribution uniforme est visible sur la figure 5.2 : alors que $\lambda_u(q)$ suit $\lambda_u(1)/\sqrt(q)$ dans le cas normal (la ligne rouge dans les figures du milieu), la diminution des valeurs maximales prises par les moyennes glissantes est moins importante dans le cas uniforme.

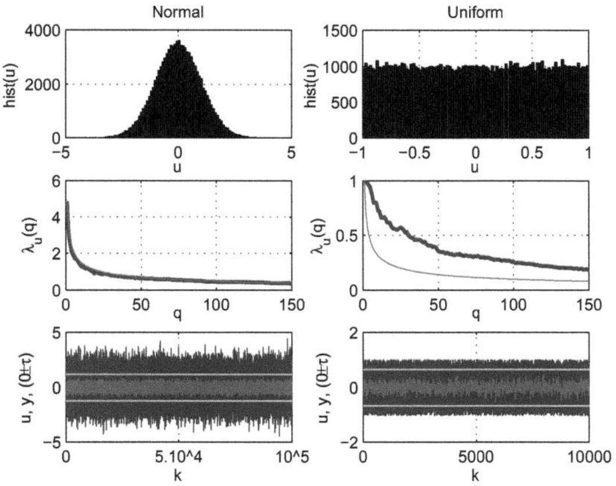

FIGURE 5.2 – Caractérisation du signal, filtrage et évaluation d'un seuil : application à un signal de bruit distribué normalement (à gauche) et uniformément (à droite).

Pour récapituler, une approche systématique à base de données pour le calcul de seuils en utilisant une caractérisation explicite de signaux bruités a été proposée sans hypothèse a priori sur la distribution de la densité de probabilité des échantillons. Même si une part importante de l'information sur cette distribution se trouve dans la caractérisation λ_u, l'intérêt de la procédure proposée repose sur un lien direct entre la caractérisation du signal et l'évaluation du seuil, tout en assurant une robustesse garantie sous des hypothèses de stationnarité (5.8) explicitement spécifiées et qui restent facilement interprétables en terme de moyennes glissantes.

Remarque 47 *Lorsque $v(u) = 0$ (signal sans variabilité), $\tau = \lambda_u(1)$ car $\forall q, \lambda_u(q) = \lambda_u(1)$, alors que $v(u) > 0$ (signal avec une variabilité explicite) conduit à $\tau < \lambda_u(1)$ grâce aux bornes réduites sur les moyennes glissantes lorsque q augmente. Ainsi, la prise en compte de la variabilité améliore le compromis entre la sensibilité aux défauts et la robustesse par rapport au bruit.*

5.5.2 Prédicteur intervalle à base de modèle

Différents travaux ont proposé des prédicteurs intervalles pour des systèmes linéaires [79, 102, 25, 80]. Par ailleurs, les observateurs intervalles des systèmes LPV peuvent également être utilisés pour la prédiction [49, 96]. Dans ce paragraphe, un prédicteur intervalle pour le modèle (5.4)-(5.5) est présenté. L'application qui sera étudiée dans la suite (gouverne de profondeur) nous conduit à mettre l'accent sur un modèle du premier ordre basé sur une connaissance a priori du comportement dynamique du système.

Proposition 48 (Prédicteur intervalle) *Le système dynamique décrit par (5.15)-(5.16) est un prédicteur intervalle pour (5.4)-(5.5) satisfaisant l'inclusion garantie (5.17). La condition (5.18) assure à la fois la stabilité des dynamiques du centre (5.15) et du rayon (5.16).*

$$x^c_{k+1} = g^c_k x^c_k + (1 - g^c_k) h^c_k u_k \tag{5.15}$$

$$x^r_{k+1} = (|g^c_k| + g^r_k) x^r_k + g^r_k |x^c_k - h^c_k u_k| + (|1 - g^c_k| + g^r_k) h^r_k u_k \tag{5.16}$$

$$\forall k \in \mathbb{N},\ x_k \in x^c_k \pm x^r_k \tag{5.17}$$

$$|g^c_k| + g^r_k < 1 \tag{5.18}$$

□

Rappelons que la condition (5.18) se ramène au cas LTI lorsque g^c_k est constant (i.e. $g^c_k = g^c$) et $g^r_k = 0$. De fortes analogies existent avec la condition de stabilité donnée dans [99] pour des systèmes multi-dimensionnels continus. Néanmoins, dans la suite, nous allons conidérer le cas de systèmes variant dans le temps.

Avant de développer la preuve de la proposition 48, nous allons commencer par présenter le lemme 9.

Lemme 9 *$\forall (w,s) \in \mathbb{R}^n \times [-1,+1]^n$, $\exists \sigma \in [-1,+1]$, $w^T s = |w| 1 \sigma$, où $|.|$ est l'opérateur valeur absolue élément par élément et 1 est un vecteur colonne de dimension appropriée dont les éléments sont égaux à* 1. □

Preuve. [Preuve du lemme 9]

$s = -sign(w)$ et $s = +sign(w)$ donnent les valeurs extrêmes atteignables par $w^T s \in \mathbb{R}$. □

Preuve. [Preuve de la proposition 48]

Soit $g_k^{\square} \in [-1,+1]$ une variable normalisée bornée liée à $g_k \in g_k^c \pm g_k^r$ de sorte que la contrainte $g_k = g_k^c + g_k^r g_k^{\square}$ soit toujours satisfaite. Des notations similaires sont utilisées pour chaque variable bornée, ($h_k = h_k^c + h_k^r h_k^{\square}$, etc).

Supposons que $x_k = x_k^c + x_k^r x_k^{\square}$, ce qui est vrai à l'instant $k = 0$. $x_{k+1} = g_k x_k + (1 - g_k) h_k u_k$ peut être réécrit sous la forme :

$$x_{k+1} = (g_k^c + g_k^r g_k^{\square})(x_k^c + x_k^r x_k^{\square}) + (1 - g_k^c - g_k^r g_k^{\square}))(h_k^c + h_k^r h_k^{\square}) u_k.$$

Après des réarrangements simples, nous avons :

$$x_{k+1} =$$
$$(g_k^c x_k^c + (1 - g_k^c) h_k^c u_k) + g_k^c x_k^r x_k^{\square} + g_k^r x_k^c g_k^{\square} + g_k^r x_k^r g_k^{\square} x_k^{\square} + (1 - g_k^c) h_k^r u_k h_k^{\square} - g_k^r h_k^c u_k g_k^{\square} - g_k^r h_k^r u_k g_k^{\square} h_k^{\square}.$$

Une factorisation par rapport aux variables incertaines donne :

$$x_{k+1} = (g_k^c x_k^c + (1 - g_k^c) h_k^c u_k) + ((g_k^c x_k^r) x_k^{\square} + (g_k^r x_k^c - g_k^r h_k^c u_k) g_k^{\square} + (g_k^r x_k^r) g_k^{\square} x_k^{\square} + (1 - g_k^c) h_k^r u_k h_k^{\square} - (g_k^r h_k^r u_k) g_k^{\square} h_k^{\square}).$$

L'application du lemme 9 avec $w_k = [(g_k^c x_k^r), g_k^r (x_k^c - h_k^c u_k), (g_k^r x_k^r), (1 - g_k^c) h_k^r u_k, -(g_k^r h_k^r u_k)]^T$ et $s_k = [x_k^{\square}, g_k^{\square}, (g_k^{\square} x_k^{\square}), h_k^{\square}, (g_k^{\square} h_k^{\square})]^T$ implique que $x_{k+1} = x_{k+1}^c + x_{k+1}^r \sigma_k$ où x_{k+1}^c et $x_{k+1}^r = |w_k| 1$ sont respectivement donnés par (5.15) et (5.16). $\sigma_k \in [-1,+1]$ assure la propriété d'inclusion (5.17) à l'instant $k + 1$.

Par ailleurs, on remarque que la propriété (5.16) reste vraie grâce à la positivité de tous les rayons et, aussi, que $x_{k+1}^r \geq 0$ étant donné que $|w_k| 1 \geq 0$.

Pour garantir la stabilité du prédicteur, il suffit d'assurer $|g_k^c| + g_k^r < 1$. En effet, $g_k^r \geq 0$. Cette condition implique $|g_k^c| < 1$, ce qui assure d'abord la stabilité de la dynamique du centre (5.15). De

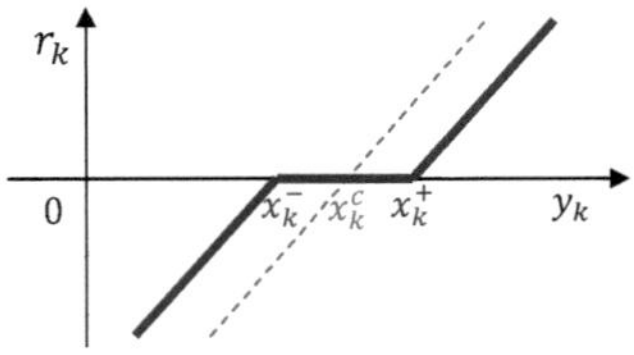

FIGURE 5.3 – Résidu r_k basé sur la fonction zone morte dz obtenue avec $x_k^c \pm x_k^r$.

plus, si l'entrée u_k est bornée, x_k^c est également borné et la même propriété découle pour le terme d'entrée de la dynamique du rayon (5.16). En considérant $\breve{x}_{k+1}^r = (|g_k^c| + g_k^r)\breve{x}_k^r$ et en choisissant $\mathcal{V}_k = (\breve{x}_k^r)^2$ comme fonction de Lyapunov, on obtient : $\Delta\mathcal{V}_k = \mathcal{V}_{k+1} - \mathcal{V}_k = ((|g_k^c| + g_k^r)^2 - 1)(\breve{x}_k^r)^2$. Alors $\Delta\mathcal{V}_k < 0$ lorsque $\breve{x}_k^r \neq 0$ et $\Delta\mathcal{V}_k = 0$ lorsque $\breve{x}_k^r = 0$, ce qui termine la preuve. □

L'intérêt de la proposition 48 provient du fait qu'elle présente des solutions pour le cas d'un modèle LPV dont les dynamiques des centres et des rayons varient dans le temps et sont soumises à des bruits bornés. Cette proposition assure :

i) une inclusion garantie,

ii) une condition de stabilité facile à vérifier pour les dynamiques du centre et du rayon,

iii) une structure simple et bien adaptée pour une implémentation efficace en temps réel.

5.5.3 Méthodologie de détection de défauts

La méthodologie de détection de défauts proposée dans cette section combine l'approche à base de modèle développée dans le paragraphe 5.5.2 et la méthode à base de données présentée dans le paragraphe 5.5.1. Leur interaction est étudiée ici.

Tout d'abord, en se basant sur le modèle de connaissance (5.4), le prédicteur de la proposition 48 permet de déterminer une prédiction intervalle $x_k^c \pm x_k^r$ de l'état x_k, qui s'appuie sur une caractérisation explicite de l'influence des imprécisions sur les dynamiques du système (manque de connaissance spécifiée par g_k^r, h_k^r).

Ensuite, en se basant sur les bornes résultantes ($\underline{x}_k = x_k^c - x_k^r$, $\overline{x}_k = x_k^c + x_k^r$) et compte tenu de l'équation de mesure dans (5.4), un résidu r_k peut être défini par :

$$r_k = dz(y_k, x_k^c \pm x_k^r) = \left| \begin{array}{ll} y_k - \overline{x}_k & \text{si } y_k > \overline{x}_k, \\ y_k - \underline{x}_k & \text{si } y_k < \underline{x}_k, \\ 0 & \text{sinon,} \end{array} \right. \tag{5.19}$$

L'expression de (5.19) montre que $\forall y_k \in x_k^c \pm x_k^r$, $r_k = 0$. r_k est nul dès lors qu'une valeur mesurée y_k appartient à son intervalle de prédiction $x_k^c \pm x_k^r$ basé sur un modèle sans bruit.

Par ailleurs, $\forall y_k \notin x_k^c \pm x_k^r$, $r_k \neq 0$, et la valeur de r_k est liée à la distance entre y_k et la borne la plus proche de $x_k^c \pm x_k^r$. Par conséquent, le résidu proposé, basé sur la fonction "zone morte" (dz pour *deadzone*), évalue la part de la mesure y_k qui ne peut pas être expliquée par la prédiction intervalle résultant du modèle d'état (5.4)-(5.5).

Notons que le résidu est exprimé sous la forme $r_k = r(y_k, x_k^c \pm x_k^r)$ (avec $r = dz$) ; il est différent des formes ponctuelles classiques, souvent données par $\rho_k = \rho(y_k, x_k^c)$ $(= y_k - x_k^c)$. Ceci est illustré par la figure 5.3 où r (resp. ρ) apparaît avec une ligne continue (resp. ligne pointillée). Il faut aussi noter que $(x_k^r = 0) \Rightarrow (r_k = y_k - x_k^c = \rho_k)$ est satisfaite, ce qui met l'accent sur le fait que le résidu calculé en utilisant des prédictions intervalles généralise la notion classique de résidu.

Soit une mesure et une estimation de la grandeur mesurée associée, donnée par un intervalle, un résidu quantifiant l'incompatibilité entre elles est ainsi exprimé par r_k. Sous l'hypothèse de validité du modèle sans défaut (5.4), la seule cause d'incohérence ($r_k \neq 0$) est due à l'erreur de sortie incertaine $\eta_k = y_k - x_k$ (x_k n'est pas exactement connue : $x_k \in x_k^c \pm x_k^r$). Notons qu'à cette étape, η_k n'est pas encore considéré comme du "bruit", mais simplement comme une "erreur de sortie". En effet, dans un contexte expérimental, une distinction claire ne peut pas être établie a priori entre ce qui doit être considéré comme un *signal* et ce qui doit être considéré comme du *bruit* à l'intérieur d'une seule et même réalité observée, à savoir la *mesure*.

Dans la méthodologie ensembliste proposée, les bornes (g_k^r et h_k^r pour le modèle (5.5)) sont considérées comme un moyen pour modéliser la frontière entre ce qui est considéré comme du *bruit* et ce qui est considéré comme un *signal* dans la *mesure*. Cela permet de caractériser le comportement aléatoire du bruit grâce à une approche basée sur les données et, en même temps, de spécifier toute une plage de comportements dynamiques possibles (non aléatoires) traitée par une approche ensembliste garantie à base de modèle. De cette manière, il devient possible d'englober dans $x_k^c \pm x_k^r$ l'influence des phénomènes physiques qui sont à la fois non aléatoires et dont la modélisation précise n'est pas pertinente pour l'application considérée, tout en traitant efficacement le bruit dans $r_k = dz(y_k, x_k^c \pm x_k^r)$ qui reste inexpliqué par $x_k^c \pm x_k^r$. Ceci est particulièrement utile pour, conjointement,

i) maintenir une décision robuste pendant des transitoires importants dus à l'excitation de l'entrée en présence de dynamiques incertaines (g_k^r), *ii*) préserver la capacité à prendre des décisions à la fois robustes et sensibles malgré la présence du bruit lorsque x_k^r est très faible (comme, par exemple, en régime permanent lorsque $h_k^c = 1$ et $h_k^r = 0$).

Enfin, puisque le résidu $r_k = dz(y_k, x_k^c \pm x_k^r)$ est influencé uniquement par le bruit de mesure, la caractérisation du bruit et le seuillage de ce dernier après filtrage décrits au paragraphe 5.5.1 sont directement applicables et permettent d'obtenir une détection de défauts à la fois sensible et robuste, même en présence d'un bruit de mesure présentant une grande variabilité. De plus, la méthodologie proposée ne nécessite pas une nouvelle caractérisation basée sur les données pour recalculer le seuil de détection quand il est simplement décidé de modifier le pôle du filtre. En effet, une fois que la caractérisation pratique de la variabilité λ_r de r_k est évaluée hors ligne, en se basant sur des données d'apprentissage, et une fois que le seuil τ (5.14) est évalué en conséquence, l'implémentation en ligne de la méthodologie de détection ne nécessite qu'un filtrage de premier ordre du résidu r_k, (i.e. $\varepsilon_k = F_a(r_k)$ où a désigne le pôle du filtre (0 $<$a $<$1)), et la comparaison de ε_k à τ. En d'autres termes, $\forall k \geq \overline{q}$, si le test de détection $\varphi = (|F_a(r_k)| > \tau)$ est activé alors un défaut est détecté à l'instant k.

La méthode de détection de défauts proposée peut être résumée sous une forme algorithmique tout en distinguant bien le réglage hors ligne du modèle de bon fonctionnement (sans défaut), en se basant sur des données utilisées pour l'apprentissage, et la détection de défaut en ligne.

Algorithme hors ligne : Modélisation du comportement sans défaut (à partir de données)

- **Entrée** : Signaux (u, y, ϕ,...) à partir des données du scénario $\mathcal{D}_{\mathcal{L}}$ utilisé pour l'apprentissage, T, $\overline{q}$, ς, a_0, θ_0, κ_0.
- **Sortie** : λ_r, τ, a, θ, κ.

1. Initialisation : $a = a_0$, $\theta = \theta_0$, $\kappa = \kappa_0$,

2. Calculer le résidu r en utilisant un scénario sans défaut $\mathcal{D}_{\mathcal{L}}$ avec une excitation d'entrée importante, (similaire à l'algorithme en ligne sans les étapes 2.5 et 2.6),

3. Caractériser et sauvegarder la variabilité de r (λ_r) :

$$\forall q \in Q = \{1, \ldots, \overline{q}\},\ \lambda_r(q) = \max_{k \in K} \varsigma |r_{k/q}|,\ \text{où } r_{k/q} = \tfrac{1}{q} \textstyle\sum_{m=k-q+1}^{k} r_m,$$

4. Mesurer la variabilité de r :

$$v(r) = \tfrac{1}{\zeta(2)-1} \textstyle\sum_{q \in Q} \left(1 - \tfrac{\lambda_r(q)}{\lambda_r(1)}\right) \tfrac{1}{q^2} \ \text{où } \zeta(2) = \tfrac{\pi^2}{6}$$

5. Effectuer un nombre fini d'itérations en partant de l'étape 2 afin de maximiser $v(r)$ en mettant à jour κ (réglage de g_k^r et h_k^r),

6. Calculer le seuil robuste τ :

$$\tau = a^{\overline{q}} \lambda_r(1) + (1-a) \left(\overline{q}(a^{\overline{q}-1}) \lambda_r(\overline{q}) + \textstyle\sum_{q=1}^{\overline{q}-1} q(a^{q-1} - a^q) \lambda_r(q)\right),$$

7. Calculer le signal de test de détection φ en utilisant un scénario $\mathcal{D}_{\mathcal{L}}$ défaillant,

8. Faire un nombre fini d'itérations en partant de l'étape 6 pour régler le pôle du filtre a (compromis entre une détection rapide et la sensibilité aux défauts en présence du bruit)

Algorithme en ligne : Détection de défauts

- **Entrée** : Signaux (u, y, ϕ) jusqu'à l'instant d'échantillonnage k, T, $\overline{q}$, a, τ, θ, κ.
- **Sortie** : Signal φ (test de détection) jusqu'à l'instant d'échantillonnage k.

1. Initialisation : x_0^c, x_0^r,

2. Boucle principale. Itération à l'instant d'échantillonnage $k \geq 0$:

2.1. Mesurer u_k, y_k, ϕ_k

2.2. Calculer $g_k^c \pm g_k^r$ et $h_k^c \pm h_k^r$. Pour la gouverne de profondeur :

$$g_k^r = 1 - T\hat{\gamma}(u_k, y_k, \phi_k, \theta),\ h_k^c = 1,$$

$$g_k^r = min(\kappa_1 + \kappa_2|u_k - x_k^c|, \kappa_3),\ h_k^r = 0,$$

2.3. Mettre à jour le prédicteur intervalle $x_k^c \pm x_k^r$:

$$x_{k+1}^c = g_k^c x_k^c + (1 - g_k^c)h_k^c u_k,$$

$$x_{k+1}^r = (|g_k^c| + g_k^r)x_k^r + g_k^r|x_k^c - h_k^c u_k| + (|1 - g_k^c| + g_k^r)h_k^r u_k,$$

2.4. Calculer le résidu r_k comme dans (5.19) :

$$r_k = dz(y_k, x_k^c \pm x_k^r),$$

2.5. Mettre à jour le filtrage de r_k par F_a avec le pôle a :

$$\varepsilon_k = a\varepsilon_{k-1} + (1 - a)r_k,$$

2.6. Évaluer le test de détection (valide $\forall k \geq \overline{q}$) :

$$\varphi_k = (|\varepsilon_k| > \tau).$$

5.6 Résultats de simulation

Dans ce paragraphe, des résultats de simulation obtenus pour deux scénarios (en augmentant et en diminuant l'excitation d'entrée) et illustrant la méthodologie décrite dans la partie précédente sont présentés. Le premier scénario $\mathcal{D}_{\mathcal{L}}$, avec une excitation importante, est utilisé pour l'apprentissage (i.e. réglage de g_k^r, h_k^r, caractérisation des signaux, etc...) alors que le deuxième scénario $\mathcal{D}_{\mathcal{V}}$, avec une amplitude réduite de l'excitation d'entrée, est utilisé pour valider la méthodologie de détection proposée.

Tout d'abord, le modèle à temps continu (5.1) est discrétisé :

$$g_k^c = (1 - \hat{\gamma}(u_k, y_k, \phi_k, \theta)T), \quad h_k^c = 1, \tag{5.20}$$

où $T = 10$ ms est la période d'échantillonnage.

La dynamique du centre (5.15) du prédicteur intervalle résultant de la proposition 48 correspond à l'approximation échantillonnée du modèle simplifié déduit de (5.1)-(5.2). g_k^r et h_k^r sont réglés de telle sorte que tous les phénomènes non modélisés soient bien englobés par $x_k^c \pm x_k^r$: $g_k^r = min(\kappa_1 + \kappa_2|u_k - x_k^c|, \kappa_3)$ où $\kappa = [\kappa_1, \kappa_2, \kappa_3] > 0$ est un vecteur de constantes positives assurant que la condition de stabilité (5.18) est satisfaite dans le domaine de fonctionnement considéré. En se basant sur un scénario, $\mathcal{D}_{\mathcal{L}}$, avec une excitation d'entrée importante, le réglage de g_k^r permet d'avoir une augmentation significative de la variabilité $v(r) = 0.32$ du résidu $r_k = dz(y_k, x_k^c \pm x_k^r)$ par rapport à celle du résidu classique, $\rho_k = y_k - x_k^c$ ($v(\rho) = 0.027$) ; voir figure 5.4. La figure 5.5 illustre la caractérisation pratique de la variabilité du résidu r_k (tracé à gauche) et, uniquement à des fins de comparaison, celle du résidu classique (tracé droite). L'évolution dynamique des seuils τ_k (selon le pôle a utilisé) est également présentée par le tracé du milieu. Suite aux résultats du paragraphe 5.5.1, ces seuils assurent une robustesse garantie à tout signal dont la caractérisation de la variabilité est inférieure à λ_r. En outre, il convient de noter que, dans le cas où $a = 0$, τ_k correspond au seuil déduit à partir de l'approche classique utilisée dans le contexte à erreurs bornées ($\tau_k = \lambda_r(1)$). Il est alors clair que la prise en compte de la variabilité permet d'avoir une caractérisation $\lambda_r(q) < \lambda_r(1)$, ce qui conduit à un seuil plus petit et plus précis améliorant la sensibilité aux défauts tout en restant robuste vis-à-vis du bruit, d'où l'intérêt de la caractérisation du bruit proposée.

En se basant sur la caractérisation de la variabilité de r_k, un seuil τ (5.14) est fixé pour ε_k qui résulte du filtrage de r_k par un filtre discret du premier ordre, F_a, avec un pôle a ($0 < a < 1$) et un gain statique unitaire. F_a est donc de la forme (5.9) avec $b = (1 - a)$, $c = 1$, et le calcul de

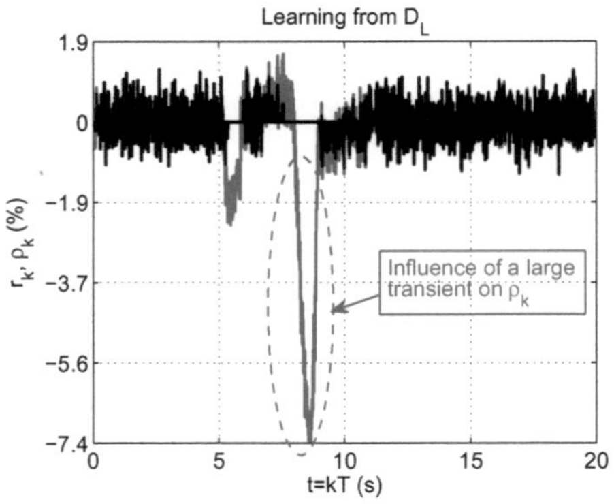

FIGURE 5.4 – Résidu r_k par rapport à un intervalle et basé sur la fonction zone morte ($v(r) = 0.32$), et résidu classique ρ_k ($v(\rho) = 0.027$), après le réglage de la frontière entre signal et bruit. Simulation obtenue à partir des données du scénario excité $\mathcal{D}_{\mathcal{L}}$ utilisé pour apprendre les caractéristiques de variabilité λ_r du bruit restant dans r_k.

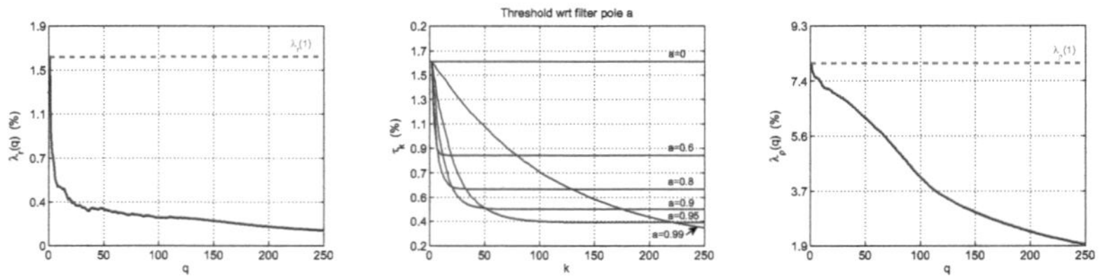

FIGURE 5.5 – Scénario $\mathcal{D}_{\mathcal{L}}$ (sans défaut) : caractérisation pratique de la variabilité du résidu r (λ_r) (gauche), seuils τ_k (milieu), caractérisation pratique de la variabilité du résidu classique ρ ($\lambda_\rho(q)$) (droite).

seuil résulte directement de la proposition 46 en prenant r_k comme entrée et ε_k comme sortie. Un défaut est ensuite détecté dès l'apparition d'une incohérence, i.e. au premier échantillon k tel que $|\varepsilon_k| > \tau$.

Notons qu'une dynamique lente du filtre ($a \to 1$) est utile pour améliorer la sensibilité à une évolution lente des comportements anormaux ayant une amplitude significativement plus faible que l'amplitude du bruit. Néanmoins, un retard à la détection peut avoir lieu dans le cas de défauts brusques étant donné que la sortie du filtre ε_k nécessite plus de temps pour suivre l'entrée r_k.

Dans la suite, deux jeux de données ($\mathcal{D}_{\mathcal{L}}$ et $\mathcal{D}_{\mathcal{V}}$) sont étudiés. Le premier scénario $\mathcal{D}_{\mathcal{L}}$, relatif à une excitation importante, fait apparaitre une enveloppe large lors du régime transitoire ; voir figure 5.7. Les bornes obtenues à l'aide du prédicteur intervalle sont calculées de telle sorte que tous les phénomènes non modélisés soient bien englobés et que l'enveloppe comprenne toutes les incertitudes. Dans le cas du modèle sans défaut (voir figure 5.6), la seule cause de sortie des enveloppes déduites du seul prédicteur intervalle est alors la présence du bruit, mais cela ne signifie pas pour autant qu'un défaut soit détecté (l'incohérence dont il est question ici ne tient pas compte du seuillage sur le résidu filtré). Les simulations montrent que le scénario sans défaut n'entraîne aucune fausse alarme malgré la présence de bruit.

Pour une première validation de la méthodologie de détection de défauts, deux situations anormales ont été envisagées pour le scénario à forte excitation :

- $\mathcal{D}_{\mathcal{L}1}$: Embarquement $5°/s$ at $t = 15s$,
- $\mathcal{D}_{\mathcal{L}2}$: Grippage à $t = 14.5s$.

La figure 5.8 illustre les résultats de détection de défauts. Comme cela est représenté par les deux premières lignes du tableau 5.1, pour les deux situations anormales, une détection rapide est assurée même si le pôle lent du filtre ($a = 0.99$) a tendance à retarder la décision.

Un second jeu de données $\mathcal{D}_{\mathcal{V}}$ est utilisé pour une autre validation de la méthodologie proposée. Ce deuxième scénario $\mathcal{D}_{\mathcal{V}}$ se caractérise par une amplitude réduite de l'excitation d'entrée (impliquant une position de la surface de contrôle plus faible que celle de $\mathcal{D}_{\mathcal{L}}$) et par un fonctionnement proche de l'état d'équilibre. L'amplitude du bruit de mesure aléatoire est alors la principale difficulté pour obtenir une bonne sensibilité aux défauts. (voir les figures 5.9).

En se basant sur la caractérisation du bruit du cas $\mathcal{D}_{\mathcal{L}}$, le scénario sans défaut $\mathcal{D}_{\mathcal{V}}$ est pris comme référence pour la validation. Tout d'abord, la caractérisation du bruit obtenue à partir de $\mathcal{D}_{\mathcal{L}}$ assure l'absence de fausses alarmes en considérant les résidus filtrés $a \in \{0.6, 0.8, 0.9, 0.95, 0.99\}$. Ensuite, à partir du scénario $\mathcal{D}_{\mathcal{V}}$, trois situations anormales ont été considérées :

- $\mathcal{D}_{\mathcal{V}1}$: Embarquement $-5°/s$ à $t = 50s$ (embarquement lent),
- $\mathcal{D}_{\mathcal{V}2}$: Grippage à $t = 14.5s$,
- $\mathcal{D}_{\mathcal{V}3}$: Grippage à $t = 66s$.

Les résultats de la détection de défauts sont présentés sur la figure 5.11 et dans le tableau 5.1.

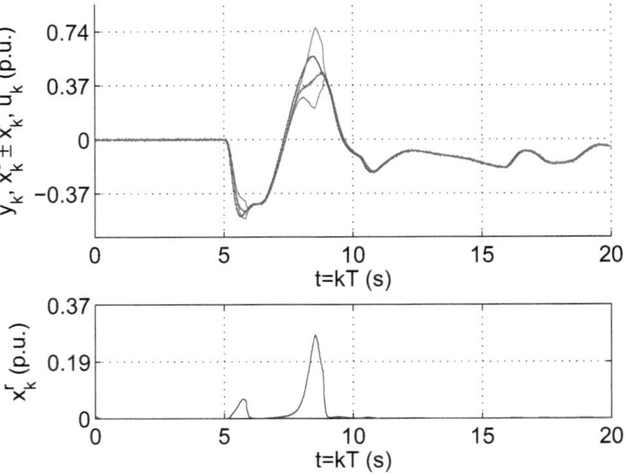

FIGURE 5.6 – Scénario $\mathcal{D}_\mathcal{L}$: Position de surface mesurée y_k (vert), bornes issues du prédicteur intervalle associé $x_k^c \pm x_k^r$ (rouge), et ordre du pilote u_k (bleu).

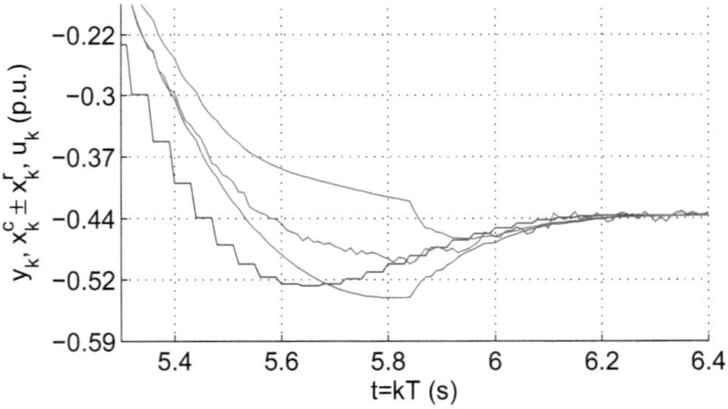

FIGURE 5.7 – Scénario $\mathcal{D}_\mathcal{L}$: Zoom de la figure 5.6 pendant le régime transitoire.

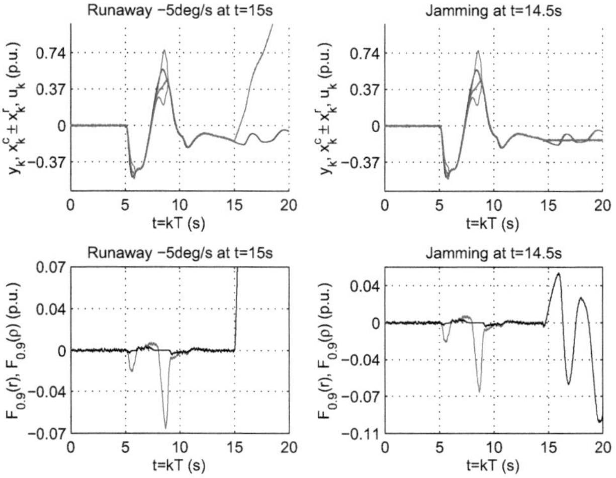

FIGURE 5.8 – Scénario $\mathcal{D}_{\mathcal{L}}$ avec deux situations anormales : $\mathcal{D}_{\mathcal{L}1}$ Embarquement (gauche), $\mathcal{D}_{\mathcal{L}2}$ Grippage (droite). En haut : Position de surface mesurée y_k (vert), bornes issues du prédicteur intervalle $x_k^c \pm x_k^r$ (rouge) et ordre du pilote u_k (bleu). En bas : résidus filtrés avec $a = 0.9$, i.e. résidu classique ρ_k filtré (rouge) et résidu r_k basé sur la fonction zone morte filtré (noir).

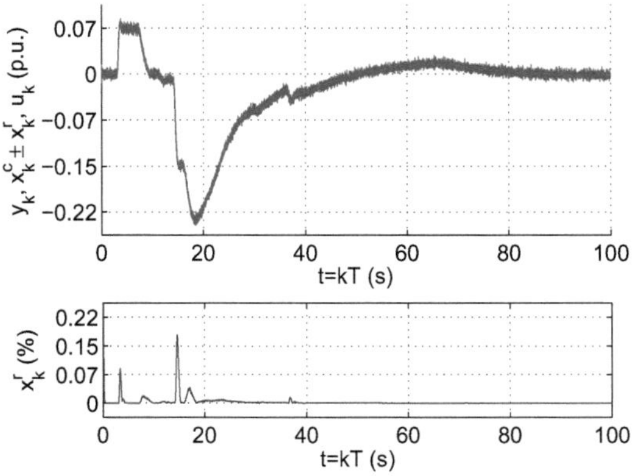

FIGURE 5.9 – Scénario $\mathcal{D}_{\mathcal{V}}$: Position de surface mesurée y_k (vert), bornes du prédicteur intervalle $x_k^c \pm x_k^r$ (rouge) et ordre du pilote u_k (bleu). Tracé du bas : x_k^r montre une précision réduite de la prédiction intervalle pendant les régimes transitoires.

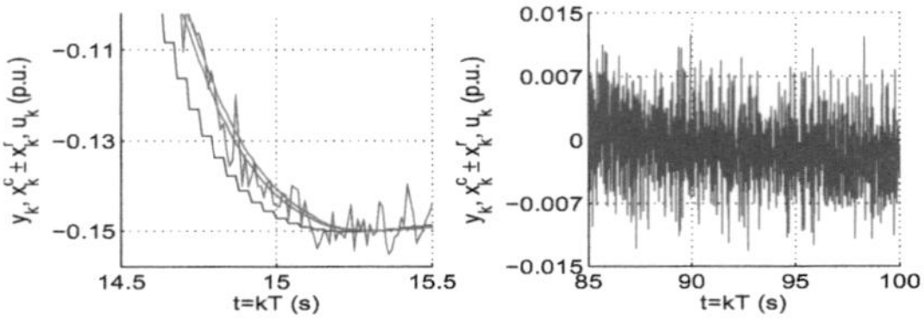

FIGURE 5.10 – Scénario $\mathcal{D_V}$: Zoom du tracé en haut de la figure 5.9 durant le régime transitoire (gauche), et pendant le régime permanent (droite).

Dans le scénario $\mathcal{D_V}_1$ (en haut de la figure 5.11), le résidu s'écarte brusquement de zéro entraînant une détection rapide. Une situation similaire peut être observée dans $\mathcal{D_V}_2$ (tracés du milieu dans la figure 5.11). Dans les deux cas (embarquement et grippage), une détection rapide est assurée comme le montre le tableau 5.1.

La situation anormale $\mathcal{D_V}_3$ correspond à un grippage à l'instant $t = 66s$ alors que la boucle d'asservissement fonctionne à peu près au voisinage de l'état d'équilibre. Comme la position change très lentement, il devient logiquement plus difficile de détecter rapidement le défaut (grippage), en particulier en présence du bruit. Dans ce cas, le filtrage du résidu est très important pour obtenir une détection rapide. La cinquième ligne du tableau 5.1 met en évidence le compromis dans le choix de la dynamique du filtre ($a = 0.9$ ou 0.95 représentent un bon réglage).
En comparant le tracé en bas à droite de la figure 5.11 avec les temps de détection correspondant du tableau 5.1 (cinquième ligne), l'intérêt de prendre en compte la notion de variabilité des signaux dans un contexte à erreurs bornées apparaît clairement : le compromis entre la sensibilité aux défauts et la robustesse au bruit de mesure est en effet amélioré de manière très significative par rapport à des bornes classiques. Cet intérêt apparaît aussi clairement dans la figure 5.12. En effet, cette dernière montre que, sans filtrage du résidu et sans caractérisation de sa variabilité, le défaut grippage à $t = 66\ s$ pourrait n'être détecté que plusieurs secondes après son apparition, alors qu'il est détecté en moins d'une seconde (détection à $t = 66.94\ s$) en utilisant le résidu filtré basé sur la fonction zone morte et avec un pôle $a = 0.95$.

Une comparaison des résultats obtenus avec ceux résultant d'une autre approche ensembliste est l'objet de ce paragraphe : dans [106], une méthode de reconstruction de l'entrée fondée sur des relations de parité, un différentiateur numérique et des techniques de satisfaction de contraintes est développée dans un contexte à erreurs bornées. Des domaines de valeurs d'entrée cohérentes avec

TABLE 5.1 – Temps de détection (s) par rapport au pôle du filtre.

pôle du filtre : $a =$	0.6	0.8	0.9	0.95	0.99
$\mathcal{D}_{\mathcal{L}1}$: Run $t = 15s$ $(5°/s)$	15.05	15.05	15.06	15.07	15.14
$\mathcal{D}_{\mathcal{L}2}$: Jam $t = 14.5s$	14.59	14.59	14.61	14.64	14.82
$\mathcal{D}_{\mathcal{V}1}$: Run $t = 50s$ $(-5°/s)$	50.05	50.05	50.06	50.06	50.13
$\mathcal{D}_{\mathcal{V}2}$: Jam $t = 14.5s$	14.55	14.56	14.57	14.58	14.65
$\mathcal{D}_{\mathcal{V}3}$: Jam $t = 66s$ (*)	68.46	68.14	67.35	66.94	67.71

les mesures sont calculés et, en s'appuyant sur des tests de cohérence, cette approche est également appliquée à la détection de positions anormales pour une surface de contrôle d'un avion. Dans [106], où des bornes classiques du bruit de mesure sont considérées, le délai de détection dans le cas d'un défaut d'embarquement à $5°/s$ (resp. d'un grippage se produisant lors d'un comportement transitoire) est de l'ordre de $0.32s$ (resp. $0.06s$). Ceci est à comparer avec les délais de détection de l'ordre de $0,05s$ (resp. $0.06s$) obtenus avec les scénarios de validation $\mathcal{D}_{\mathcal{V}1}$ (resp. $\mathcal{D}_{\mathcal{V}2}$) et mentionnés dans la deuxième colonne ($a = 0.8$) de la table 5.1. On peut noter que ces délais de détection sont peu influencés par le pôle a du filtre utilisé pour la décision (sauf si a devient très lent : $a > 0.95$), et ce, parce que les mesures bruitées ne sont pas un véritable obstacle pour la détection de défaut dans le cas de $\mathcal{D}_{\mathcal{V}1}$ (resp. $\mathcal{D}_{\mathcal{V}2}$). Cependant, dans d'autres cas tels qu'un grippage se produisant dans une situation proche d'un régime permanent comme avec $\mathcal{D}_{\mathcal{V}3}$, le bruit de mesure devient le principal obstacle pour améliorer la sensibilité aux défauts : dans de tels cas, alors qu'aucun défaut n'est détecté dans [106] pour de faibles angles de la surface de contrôle (typiquement, en dessous de $2°$), la méthodologie de détection de défaut proposée dans ce chapitre est toujours capable de détecter les défauts dans un délai raisonnable, notamment grâce à un réglage approprié (par exemple, $a = 0.95$) du filtre appliqué à la composante bruitée du signal mesuré. De plus, l'amélioration de la sensibilité aux défauts est obtenue à moindre coût du point de vue des calculs en ligne.

Cette première étude s'avère encourageante : les résultats obtenus suggèrent en effet que la méthodologie ensembliste proposée pourrait servir à détecter des défauts de grippage et d'embarquement des surfaces de contrôle d'un avion avec de bonnes performances.

5.7 Conclusion

Dans ce chapitre, nous avons proposé une méthodologie ensembliste combinant des approches à base de données et à base de modèles. Cette stratégie a été appliquée à la détection de défauts

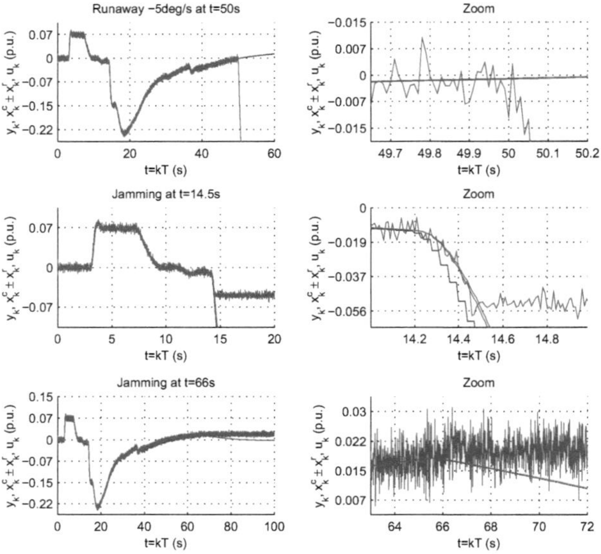

FIGURE 5.11 – Scénario $\mathcal{D}_\mathcal{V}$ avec trois situations anormales, de haut en bas : $\mathcal{D}_{\mathcal{V}1}$, $\mathcal{D}_{\mathcal{V}2}$, $\mathcal{D}_{\mathcal{V}3}$. Gauche : vue large. Droite : zoom autour des instants d'apparition et de détection des défauts. Pour tous les tracés : position de surface mesurée y_k (vert), bornes du prédicteur intervalle $x_k^c \pm x_k^r$ (rouge) et ordre du pilote u_k (bleu).

(de type embarquement et grippage) d'une surface de contrôle d'un avion civil. L'un des objectifs était de mieux caractériser les signaux bruités dans un contexte à erreurs bornées. Ceci a permis d'améliorer le compromis entre la sensibilité aux défauts et la robustesse vis-à-vis du bruit et des perturbations. Un résidu utilisant la sortie d'un prédicteur intervalle et basé sur une fonction "zone morte" évalue le comportement qui ne peut être expliqué par le modèle ensembliste. Cette approche permet de calculer des seuils pour les signaux bruités sans avoir besoin d'hypothèses sur les densités de probabilité et tout en prenant en compte des incertitudes paramétriques avec des bornes variables dans le temps.

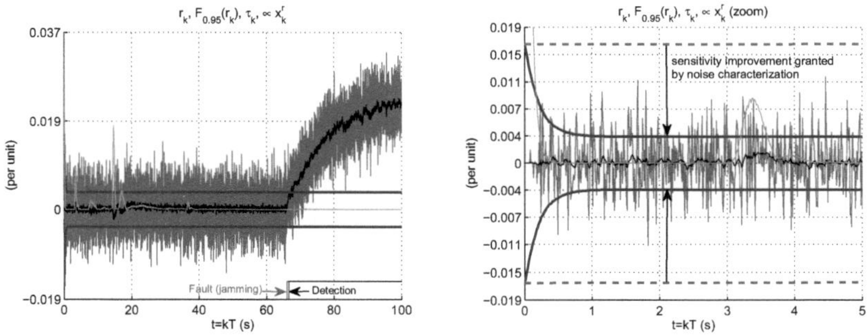

FIGURE 5.12 – Scénario $\mathcal{D}_{\mathcal{V}3}$ (grippage à $t = 66\ s$) : résidu r_k basé sur la fonction zone morte avant (rouge) et après filtrage (noir) avec F_a où $a = 0.95$. Seuil τ (bleu). Indicateur de détection de défaut $|F_a(r)| > \tau$ (en bas à droite dans le tracé à gauche). Tracé à droite : zoom du tracé à gauche illustrant l'amélioration de sensibilité par rapport au cas classique.

Conclusion générale et perspectives

Dans ce manuscrit, nous nous sommes intéressés aux problèmes d'observation, d'estimation et de détection de défauts des systèmes dynamiques continus dans un contexte ensembliste.

Nous avons considéré graduellement des dynamiques LTI, LPV et LTV pour déboucher enfin sur des classes de systèmes non linéaires. Dans ce dernier cas, nous avons proposé une inclusion des trajectoires non linéaires spécifiées à l'aide d'un observateur intervalle basé sur une dynamique LPV à erreur bornées. Cette approche permet la synthèse de tests ensemblistes pour la détection de défauts et permet de bénéficier des avancées effectuées dans le cas LPV tout en préservant une faible quantité de calculs.

Le premier chapitre nous a permis de rappeler les résultats de quelques travaux sur la synthèse d'observateurs intervalles pour des systèmes LTI. Des solutions ont été présentées pour la relaxation des contraintes liées à la construction d'un observateur intervalle. Elles consistent à utiliser un changement de coordonnées invariant ou variant dans le temps en fonction de l'approche retenue.

Dans le chapitre 2, nous avons développé une nouvelle technique d'atteignabilité pour des systèmes linéaires à paramètres variant dans le temps tout en se basant sur ce qui a été développé pour le cas des systèmes LTI. Dans l'objectif de relaxer les conditions de monotonie, une solution basée sur un changement de coordonnées variant dans le temps a été proposée. Et l'approche développée pour le calcul d'enveloppes correspondant à des ensembles atteignables a également été exploitée pour la construction d'observateurs intervalles dédiés au cas LPV. Nous avons ainsi présenté une nouvelle technique permettant de relaxer les conditions de coopérativité qui peuvent s'avérer restrictives lorsqu'appliquées à un modèle n'ayant fait l'objet d'aucune transformation (ex : changement de coordonnées) et/ou lors du réglage du gain d'un observateur. Deux cas ont été étudiés : le cas où le vecteur d'ordonnancement est mesuré et le cas où le vecteur d'ordonnancement est inconnu.

Dans le troisième chapitre, nous avons étendu les résultats obtenus aux systèmes linéaires variant dans le temps. Tout d'abord, nous avons rappelé des résultats de quelques travaux récemment développés pour la construction d'observateurs intervalle pour des systèmes LTV. Ces travaux présentent quelques limitations telles que l'abscence de méthodes génériques et systématiques pour le calcul du gain de l'observateur et du changement de coordonnées permettant d'assurer la coopérativité de l'erreur d'observation. Nous avons proposé alors une approche originale pour contourner cette limitation. Notre méthode pour la construction d'observateurs intervalles pour des systèmes LTV ne nécessite aucune hypothèse supplémentaire par rapport aux observateurs classiques. L'idée est de construire un changement de coordonnées permettant de transformer une matrice variant dans le temps en une matrice Metzler. Les calculs de cette matrice de passage et du gain d'observateur sont indépendants.

L'application des observateurs intervalles développés dans ce manuscrit au problème de détection de défauts des systèmes non linéaires à incertitudes bornées a fait l'objet du chapitre 4. Nous avons proposé alors une méthode ensembliste pour la détection de défauts des systèmes non linéaires, en passant par la transformation des modèles non linéaires en modèles LPV à incertitudes bornées. Une méthodologie assurant cette transformation est tout d'abord proposée. L'inclusion de toutes les trajectoires spécifiées par le modèle NL-IB à l'aide du modèle LPV-IB est garantie sur un domaine de validité préalablement fixé. Cette méthode repose sur l'introduction de variables de prémisses (comme lors d'une transformation polytopique) et sur l'utilisation de formes affines centrées. La classe de modèles LPV retenue permet la mise en oeuvre directe de l'observateur intervalle que nous avons développé au deuxième chapitre. En se basant sur cet observateur, nous avons proposé un test ensembliste permettant la détection d'incohérences par rapport au modèle non linéaire initial. Cette méthodologie de détection a été illustrée sur un modèle non linéaire représentant la dynamique longitudinale d'un avion.

Toujours dans un contexte à erreurs bornées, et pour améliorer le compromis entre la sensibilité aux défauts et la robustesse au bruit de mesure présentant un caractère aléatoire, nous avons proposé dans le chapitre 5 une méthodologie basée sur une caractérisation à base de données expérimentales de la variabilité de certains signaux bruités, ce qui permet de capturer plus d'information que de simples bornes sur le bruit à chaque instant. Un résidu construit à partir d'une zone morte définie par un intervalle variant dans le temps permet également la mise en oeuvre d'une stratégie de détection à deux étages traitant respectivement le "signal" et le "bruit" au sein des mesures. Cette méthodologie a été appliquée pour la détection de défauts de position (embarquement et grippage) relatifs à une surface de contrôle d'un avion.

Les travaux présentés dans ce mémoire font apparaître un certain nombre de perspectives pour des développements ultérieurs.

Une direction concerne la transformation garantie d'un modèle NL en modèle LPV proposée dans le quatrième chapitre. En effet, d'autres choix de réécriture du modèle non linéaire de départ permettraient sans doute d'améliorer encore la précision des enveloppes obtenues par l'observateur intervalle dédié au systèmes LPV issu de la transformation. Une meilleure sensibilité aux défauts pourrait ainsi être obtenue. De même, l'influence du réglage du gain d'observation L sur les performances de la détection, que l'on constate en simulation, mériterait également d'être mieux formalisée dans le cadre de la méthodologie ensembliste proposée, afin d'améliorer les techniques de synthèse de tests ensemblistes pour la détection de défauts des systèmes NL. Une autre idée serait de construire une procédure de diagnostic complète en se basant sur les tests de cohérence développés et en proposant des solutions pour la localisation de défauts en construisant un banc d'observateurs intervalle.

Une autre piste à explorer serait l'extension de la méthodologie ensembliste proposée dans le chapitre 5 pour la détection de défauts dans un environnement bruité, à des systèmes multidimensionnels. Au plan applicatif, bien que les premiers résultats en simulation soient encourageants, il faudrait aller plus loin et étudier les capacités des techniques proposées en termes de sensibilité et robustesse, sur des scénarios réalistes, les comparer avec des approches plus classiques, et tirer les premières conclusions quant à l'applicabilité des techniques proposées.

Enfin, il serait intéressant de réutiliser les observateurs intervalles proposés, d'une part, pour le pronostic des systèmes non linéaires incertains, et d'autre part, pour la détection et le pronostic de défauts susceptibles d'affecter des systèmes dynamiques hybrides en présence d'incertitudes bornées.

Annexes

Annexe A

Transformation de systèmes non linéaires en systèmes LPV : principales approches classiques

A.1 Linéarisation Jacobienne

La linéarisation Jacobienne est une méthode de transformation d'un système non linéaire en un système LPV ou quasi-LPV. Cette technique permet d'obtenir un modèle linéarisé localement autour d'un nombre de points de fonctionnement ou d'équilibre. Ainsi, le modèle global qui représente le système non linéaire est obtenu par interpolation entre les différents points de fonctionnement (ou d'équilibre) sélectionnés. Cette méthode est basée sur un développement de Taylor du premier ordre.

Considérons le système non linéaire suivant [116] :

$$\begin{cases} \dot{x}(t) = f(x(t), u(t)) \\ y(t) = g(x(t), u(t)) \end{cases} \tag{A.1}$$

où $x \in \mathbb{R}^n$, $u \in \mathbb{R}^m$, $y \in \mathbb{R}^s$ sont respectivement le vecteur d'état, le vecteur d'entrée et le vecteur de sortie. f et g sont deux fonctions différentiables, non linéaires. La linéarisation du système (A.1) autour d'un point d'équilibre $\beta_i = (x_i, u_i)$, $i = 1..N$, où N est le nombre de points d'équilibre utilisés, est obtenue en appliquant un développement de Taylor du premier ordre.

L'état et la sortie du système linéarisé issu de (A.1) sont approximés comme suit :

$$\begin{cases} \dot{x}(t) \approx A_i(x - x_i) + B_i(u - u_i) \\ y(t) \approx C_i(x - x_i) + D_i(u - u_i) + g(x_i, u_i) \end{cases} \tag{A.2}$$

avec

$$\begin{array}{ll} A_i = \frac{\partial f}{\partial x}(\beta_i), & B_i = \frac{\partial f}{\partial u}(\beta_i) \\ C_i = \frac{\partial g}{\partial x}(\beta_i), & D_i = \frac{\partial g}{\partial u}(\beta_i) \end{array} \tag{A.3}$$

Le modèle (A.2) peut être vu comme un modèle local invariant dans le temps (LTI). Le modèle LPV est obtenu en interpolant les N modèles locaux obtenus suite à la linéarisation expliquée précédemment.

Soit un ensemble de fonctions d'interpolation normalisées :

$\mu_i : P \longrightarrow [0,1]$ où $P = X \bigotimes U$ est le produit cartésien des états X et des entrées U avec $\sum_{i=1}^{N} \mu_i(\beta) = 1 \ \forall \beta \in P$ et $\mu_i(\beta_i) = 1 \ \forall i = 1, \ldots, N$.

Le modèle LPV ainsi obtenu est défini par :

$$\begin{cases} \dot{\tilde{x}}(t) = \sum_{i=1}^{N} \mu_i(\beta) A_i \tilde{x}(t) + \sum_{i=1}^{N} \mu_i(\beta) B_i u(t) - \gamma_x(\beta) \\ \tilde{y}(t) = \sum_{i=1}^{N} \mu_i(\beta) C_i \tilde{x}(t) + \sum_{i=1}^{N} \mu_i(\beta) D_i u(t) - \gamma_y(\beta) \end{cases} \tag{A.4}$$

où $\tilde{x}(t)$ et $\tilde{y}(t)$ sont l'approximation de $x(t)$ et $y(t)$ et les termes $\gamma_x(\beta)$ et $\gamma_y(\beta)$ sont donnés comme suit :

$$\gamma_x(\beta) = \sum_{i=1}^{N} \mu_i(\beta)(A_i x_i + B_i u_i), \tag{A.5}$$

$$\gamma_y(\beta) = \sum_{i=1}^{N} \mu_i(\beta)(C_i x_i + D_i u_i - g(\beta_i)). \tag{A.6}$$

Il est clair que pour $\beta(t) = \beta_i$ le système global LPV est équivalent au système LTI (A.2). Il faut noter aussi que si les points autour desquels on effectue la linéarisation Jacobienne ne sont pas des points d'équilibre, le terme $f(p_i)$ ne sera plus nul et il apparait alors dans l'équation (A.5).

Nous venons de présenter une technique de linéarisation pour une classe générale de systèmes non linéaires. Nous allons maintenant restreindre cette approche à une classe particulière pour obtenir un modèle quasi-LPV.

On considère un système non linéaire décrit par :

$$\left\{\begin{array}{l} \dot{z}_x(t) = f_1(z_x(t), w_x(t), u(t), p(t)) = A_{11}(\rho(t))\, z_x(t) + A_{12}(\rho(t))\, w_x(t) \\ \qquad +B_1(\rho(t))\, u(t) + E_1(\rho(t))\, p(t) \\ \dot{w}_x(t) = f_2(z_x(t), w_x(t), u(t), p(t)) = A_{21}(\rho(t))\, z_x(t) + A_{22}(\rho(t))\, w_x(t) \\ \qquad +B_2(\rho(t))\, u(t) + E_2(\rho(t))\, p(t) \end{array}\right. \tag{A.7}$$

où le vecteur d'état est défini par $x(t) = [z_x(t)^T\ w_x(t)^T]^T$, le vecteur d'entrée par $u(t)$ et le vecteur d'ordonnancement est donné par $\rho(t) = [z_x(t)^T\ p(t)^T]^T$, où $p(t)$ représente le vecteur formé par les paramètres qui ne dépendent pas de l'état.

L'objectif est de linéariser le système (A.7) par rapport à un point d'équilibre x_{eq}. Au voisinage de ce point nous avons :

$$x = x_{eq} + \delta_x \tag{A.8}$$

$$\dot{x} = \dot{x}_{eq} + \dot{\delta}_x \tag{A.9}$$

or, dans notre cas, $x(t) = [z_x(t)^T\ w_x(t)^T]^T$, ce qui implique $\dot{x}(t) = [\dot{z}_x^T(t)\ \dot{w}_x^T(t)]^T = [(\dot{z}_{x_eq}(t) + \dot{\delta}_{z_x})^T\ (\dot{w}_{x_eq}(t) + \dot{\delta}_{w_x})^T]^T$.

On a donc $\dot{z}(t) = \dot{z}_{x_eq}(t) + \dot{\delta}_{z_x} = f_1(z_{x_eq}, w_{x_eq}, u_{eq}, p_{eq}) + \dot{\delta}_{z_x}$
Or, $f_1(z_{x_eq}, w_{x_eq}, u_{eq}, p_{eq}) = 0$ ($(z_{x_eq}, w_{x_eq}, u_{eq}, p_{eq})$ étant un point d'équilibre) d'où $\dot{z}_x(t) = \dot{\delta}_{z_x}$.

De même, $\dot{w}_x(t) = \dot{w}_{x_eq}(t) + \dot{\delta}_{w_x} = f_2(z_{x_eq}, w_{x_eq}, u_{eq}, p_{eq}) + \dot{\delta}_{w_x}$
avec $f_2(z_{x_eq}, w_{x_eq}, u_{eq}, p_{eq}) = 0$, d'où $\dot{w}_x(t) = \dot{\delta}_{w_x}$.

En utilisant un développement de Taylor du premier ordre, $\dot{\delta}_{z_x}$ et $\dot{\delta}_{w_x}$ peuvent être exprimées comme suit :

$$\begin{bmatrix} \dot{\delta}_{z_x} \\ \dot{\delta}_{w_x} \end{bmatrix} \approx \begin{bmatrix} \Delta_{z_x} f_1 & \Delta_{w_x} f_1 \\ \Delta_{z_x} f_2 & \Delta_{w_x} f_2 \end{bmatrix}_{eq} \begin{bmatrix} \delta_{z_x} \\ \delta_{w_x} \end{bmatrix} + \begin{bmatrix} \Delta_u f_1 \\ \Delta_u f_2 \end{bmatrix}_{eq} \delta_u + \begin{bmatrix} \Delta_p f_1 \\ \Delta_p f_2 \end{bmatrix}_{eq} \delta_p \tag{A.10}$$

avec $\Delta_\chi f_i = \frac{\partial f_i}{\partial \chi}$ pour i=1,2 et $\chi = z_x, w_x, u, p$. De plus, $[M(\chi)]_{eq} = M(\chi_{eq}) = M(z_{x_eq}, w_{x_eq}, u_{eq}, p_{eq})$.

Le modèle linéarisé autour du point d'équilibre $(z_{x_eq}, w_{x_eq}, u_{eq}, p_{eq})$ peut s'écrire sous la forme :

$$\begin{bmatrix} \dot{\delta}_{z_x} \\ \dot{\delta}_{w_x} \end{bmatrix} \approx \begin{bmatrix} a_{11} & a_{12} \\ a_{21} & a_{22} \end{bmatrix}_{eq} \begin{bmatrix} \delta_{z_x} \\ \delta_{w_x} \end{bmatrix} + \begin{bmatrix} b_1 \\ b_2 \end{bmatrix}_{eq} \delta_u + \begin{bmatrix} e_1 \\ e_2 \end{bmatrix}_{eq} \delta_p \tag{A.11}$$

où

$$a_{11} = \frac{\partial A_{11}}{\partial z_x} z_x + A_{11} + \frac{\partial A_{12}}{\partial z_x} w_x + \frac{\partial B_1}{\partial z_x} u + \frac{\partial E_1}{\partial z_x} p \tag{A.12}$$

$$a_{12} = A_{12} \tag{A.13}$$

$$a_{21} = \frac{\partial A_{21}}{\partial z_x} z_x + A_{21} + \frac{\partial A_{22}}{\partial z_x} w_x + \frac{\partial B_2}{\partial z_x} u + \frac{\partial E_2}{\partial z_x} p \tag{A.14}$$

$$a_{22} = A_{22} \tag{A.15}$$

$$b_1 = B_1 \tag{A.16}$$

$$b_2 = B_2 \tag{A.17}$$

$$e_1 = \frac{\partial A_{11}}{\partial p} z_x + \frac{\partial A_{12}}{\partial p} w_x + \frac{\partial B_1}{\partial p} u + \frac{\partial E_1}{\partial p} p + E_1 \tag{A.18}$$

$$e_2 = \frac{\partial A_{21}}{\partial p} z_x + \frac{\partial A_{22}}{\partial p} w_x + \frac{\partial B_2}{\partial p} u + \frac{\partial E_2}{\partial p} p + E_2 \tag{A.19}$$

Ce modèle représente le modèle Jacobien obtenu suite à une linéarisation du système (A.7), autour d'un seul point d'équilibre.

Pour obtenir le système quasi-LPV global, il suffit d'évaluer le modèle (A.11) aux différents points d'équilibre puis interpoler ces modèles locaux avec l'une des méthodes d'interpolation détaillées dans la partie (A.2).

Il est également possible d'effectuer des linéarisations autour de points de fonctionnement $(z_{x0}, w_{x0}, u_0, p_0)$ en utilisant la même démarche mais en rajoutant les termes $f_1(z_{x0}, w_{x0}, u_0, p_0)$ et

$f_2(z_{x_0}, w_{x_0}, u_0, p_0)$ qui ne sont plus nuls.

Avantages/Inconvénients de la méthode

Cette méthode simple est souvent utilisée. Mais elle reste toujours une approximation du fait de l'utilisation du développement de Taylor au premier ordre. Une approximation adéquate requiert l'hypothèse de variation lente des signaux. Or cette hypothèse n'est pas toujours réalisable. En effet, les variations de $x(t)$, $u(t)$ et $\rho(t)$ ne sont pas toujours suffisamment lentes.

De plus, pour obtenir un modèle LPV ou quasi-LPV global, il faut un certain nombre de modèles locaux obtenus en différents points de fonctionnement dont le choix ainsi que le nombre ne peuvent pas être fixés a priori, ce qui influe sur l'approximation obtenue. En effet, le choix des points d'équilibre ou de fonctionnement se fait selon l'importance des non linéarités du système étudié.

A.2 Fonctions d'interpolation

Pour obtenir un modèle LPV ou quasi-LPV à l'aide de la méthode de linéarisation jacobienne, il suffit d'interpoler les différents modèles locaux. Le modèle global est alors la somme des modèles locaux évalués en différents points d'équilibre ou de fonctionnement et pondérés par des fonctions d'activation. Dans cette partie, on va mettre en évidence les fonctions d'interpolation (appelées aussi fonctions de pondération ou d'activation) permettant de pondérer la contribution de chacun des modèles linéaires.

Ces fonctions sont déterminées par l'intermédiaire d'un terme appelé "résidu". Ce dernier est défini comme la différence entre la sortie du système non linéaire étudié et celle du modèle linéarisé obtenu. Il reflète le degré de ressemblance entre les deux modèles. En effet, si ce résidu est proche de zéro, alors on peut dire que le modèle local linéarisé obtenu suit bien le comportement du modèle global. Par la suite, six méthodes d'obtention des fonctions de validation vont être présentées. Tout au long de cette partie, on note μ_i la fonction d'interpolation où $(i = 1, \ldots, N)$ et N désigne le nombre des modèles locaux linéarisés. Les fonctions d'interpolation sont choisies telles que :

$$\begin{cases} \mu_i \in [0,1] \; i = 1, \ldots, N \\ \sum_{i=1}^{N} \mu_i = 1 \end{cases} \tag{A.20}$$

A.2.1 Méthode des résidus normalisés

Cette méthode a été proposée dans [69, 81, 68]. Elle est définie, dans le cas discret par :

$$\mu_i(k) = \frac{1 - r_i^{'}(k)}{N} \tag{A.21}$$

où

$$r_i^{'}(k) = \frac{r_i(k)}{\sum_{j=0}^{N} r_j(k)} \tag{A.22}$$

avec

$$r_i(k) = |y(k) - y_i(k)| \tag{A.23}$$

y et y_i sont respectivement la sortie du modèle global et celle du $i^{\text{ème}}$ modèle local. r_i est le résidu associé au $i^{\text{ème}}$ modèle linéarisé et $r_i^{'}$ est le résidu normalisé.

Cette méthode induit une moindre sensibilité à chacun des modèles locaux dans son principe de pondération. Ainsi, plus le nombre de modèles locaux est important, plus la confiance attribuée au modèle auquel on associe la fonction de pondération est faible. Par exemple, si $N = 15$ et si le résidu $r_i(k) = 0$, la fonction de validation ne vaut que $\mu_i = 0.06$ ce qui néglige la contribution de ce modèle bien que son comportement soit presque le même que celui du système d'origine ($r_i(k) = 0$). Cette approche est très sensible au bruit.

A.2.2 Méthode des résidus renforcés

Afin d'éviter la limitation de la méthode précédente, une idée de renforcement de la fonction de validation est introduite dans [69, 81]. La fonction de pondération du $i^{\text{ème}}$ modèle est donnée par l'expression suivante :

$$\mu_i(k) = 1 - r_i^{'}(k) \tag{A.24}$$

où $r_i^{'}(k)$ est donné par (A.22). On définit la fonction de validation renforcée comme suit :

$$\mu_i^{renf}(k) = \mu_i(k) \prod_{j=0, j\neq i}^{N} (1 - \mu_j(k)) \tag{A.25}$$

Pour garder la propriété de convexité ($\sum_{i=1}^{N} \mu_i = 1$), on établit l'expression normalisée suivante :

$$\mu_{n_i}^{renf}(k) = \frac{\mu_i^{renf}(k)}{\sum_{j=0}^{N} \mu_j^{renf}(k)} \tag{A.26}$$

Cette méthode est peu sensible au bruit.

A.2.3 Méthode par pondération exponentielle

L'expression de la fonction de validation de cette technique est donnée par [126] :

$$\mu_i(k) = \frac{\exp\left(-\frac{1}{2}r_i^T(k)R^{-1}r_i(k)\right)}{\sum_{j=0}^{N}\exp\left(-\frac{1}{2}r_j^T(k)R^{-1}r_j(k)\right)} \tag{A.27}$$

où R est la matrice de covariance du bruit de mesure, "T" désigne la transposée et $r_i(k)$ est le résidu donné par (A.23). L'avantage de cette méthode est son insensibilité au bruit.

A.2.4 Méthode de l'exponentielle renforcée

Les fonctions de validation renforcée $\mu_{n_i}^{renf}$ et normalisée $\mu_{n_i}^{renf}$ sont définies par :

$$\mu_i^{renf}(k) = \mu_i^{'}(k)\prod_{j=0,j\neq i}^{N}(1-\mu_j^{'}(k)) \tag{A.28}$$

$$\mu_{n_i}^{renf}(k) = \frac{\mu_i^{renf}(k)}{\sum_{j=0}^{N}\mu_j^{renf}(k)} \tag{A.29}$$

où

$$\mu_i^{'}(k) = \exp\left(-\frac{1}{2}r_i^T(k)R^{-1}r_i(k)\right) \tag{A.30}$$

Cette approche rend également la fonction de validation insensible au bruit.

A.2.5 Méthode basée sur une fonction coût

Cette technique est basée sur une fonction coût définie dans [86] par :

$$J(r_i(k)) = \alpha(r_i(k))^2 + \beta\sum_{\nu=0}^{k-1}\exp(-\lambda(k-\nu))((r_i(\nu))^2) \tag{A.31}$$

où $r_i(k)$ est donné par (A.23) et α, β et λ sont des constantes positives à fixer. Afin de calculer cette fonction, exprimée en temps discret, un compromis doit être établi entre la mesure numéro k pondérée par α et les mesures passées ν pondérées par $\beta\exp(-\lambda(k-\nu))$, où λ est un facteur d'oubli. Ces trois paramètres jouent un rôle important lors de la validation des modèles. La fonction d'activation est obtenue après une normalisation de la fonction coût :

$$\mu_i(J(r_i(k))) = \frac{\frac{1}{J(r_i(k))}}{\sum_{j=1}^{N}\frac{1}{J(r_j(k))}} \tag{A.32}$$

Si $\mu_i(J(r_i(k)))$ est proche de 1, alors le $i^{\text{ème}}$ modèle a un comportement proche de celui du système non linéaire. A l'inverse, si sa valeur est presque nulle, le $i^{\text{ème}}$ modèle est négligé.

A.2.6 Méthode basée sur une distribution de probabilité

La fonction de validité des modèles linéaires peut être définie à partir des probabilités établies sur la base des résidus. Celle-ci permet de donner un poids à la contribution de chaque modèle linéaire lors de la reconstruction du modèle non linéaire.

Selon [1], le résidu est utilisé pour calculer la densité de probabilité sous l'hypothèse qu'il suit une loi de distribution gaussienne autour d'un point de fonctionnement ou d'équilibre. La distribution de probabilité peut être définie par :

$$P_i(k) = \frac{\exp(-0.5 r_i(k)(\theta_i(k))^{-1}(r_i(k))^T)}{\sqrt{(2\Pi)det(\theta_i(k))}} \tag{A.33}$$

où $r_i(k)$ est le résidu défini par l'expression (A.23), "det" est le déterminant de la matrice $\theta_i(k)$ définie par :

$$\theta_i(k) = C_i Q_i(k) C_i^T + R_i(k) \tag{A.34}$$

où C_i est la matrice de sortie du $i^{\text{ème}}$ modèle, $Q_i(k)$ et $R_i(k)$ sont respectivement la matrice de covariance de l'erreur d'état et la matrice de covariance du bruit de mesure à l'instant k.

La fonction de validation est définie par :

$$\mu_i(r_i(k+1)) = \frac{P_i(k)\mu_i(r_i(k))}{\sum_{j=1}^{N} P_j(k)\mu_j(r_j(k))} \tag{A.35}$$

L'expression normalisée de (A.35) permet à la fonction de pondération de conserver une propriété de convexité.

A.3 Transformation d'état

Cette technique a été introduite par Shamma et Cloutier [107]. Elle a été développée pour une classe spécifique de systèmes non linéaires décrits par :

$$\dot{x}(t) = f(\rho(t)) + A(\rho(t))x(t) + B(\rho(t))u(t) \tag{A.36}$$

où $x(t) = [z_x^T(t)\ w_x^T(t)]^T$ est le vecteur d'état, $z_x(t) \in \mathbb{R}^{n_{z_x}}$ représente les variables d'ordonnancement et $w_x(t) \in \mathbb{R}^{n_{w_x}}$ représente les variables de non ordonnancement ($x \in \mathbb{R}^n$, $n = n_{z_x} + n_{w_x}$). $u(t) \in \mathbb{R}^m$ est le vecteur d'entrée, $y(t) \in \mathbb{R}^s$ est le vecteur de sortie, $f(\rho(t)) = \begin{bmatrix} K_1(\rho(t)) & K_2(\rho(t)) \end{bmatrix}^T$ est une fonction non linéaire, $A(\rho(t)) = \begin{bmatrix} A_{11}(\rho(t)) & A_{12}(\rho(t)) \\ A_{21}(\rho(t)) & A_{22}(\rho(t)) \end{bmatrix}$ la matrice d'état, $B(\rho(t)) = \begin{bmatrix} B_1(\rho(t)) \\ B_2(\rho(t)) \end{bmatrix}$ la matrice d'entrée, et $\rho(t) = [z_x(t)^T \, p(t)^T]^T$ est le vecteur des paramètres d'ordonnancement où $p(t)$ représente des variables indépendantes de l'état.

Le système décrit par l'équation (A.36) peut être transformé en un modèle quasi-LPV dont les matrices sont des fonctions des variables d'ordonnancement $\rho(t)$.

Supposons qu'il existe des fonctions continues différentiables $w_{x_eq}(\rho(t))$ et $u_{eq}(\rho(t))$ qui définissent les trajectoires d'équilibre et telles que, pour tout $\rho(t)$:

$$\begin{bmatrix} 0 \\ 0 \end{bmatrix} = \begin{bmatrix} K_1(\rho(t)) \\ K_2(\rho(t)) \end{bmatrix} + A(\rho(t)) \begin{bmatrix} z_x(t) \\ w_{x_eq}(\rho(t)) \end{bmatrix} + B(\rho(t))u_{eq}(\rho(t)) \tag{A.37}$$

Il faut noter que l'équation (A.37) est valable sous l'hypothèse que le vecteur d'ordonnancement ρ varie lentement au cours du temps [107].

En soustrayant (A.36) et (A.37), on obtient :

$$\begin{bmatrix} \dot{z}_x(t) \\ \dot{w}_x(t) \end{bmatrix} = \begin{bmatrix} 0 \\ 0 \end{bmatrix} + \begin{bmatrix} 0 & A_{12}(\rho(t)) \\ 0 & A_{22}(\rho(t)) \end{bmatrix} \begin{bmatrix} z_x(t) \\ w_x(t) - w_{x_eq}(\rho(t)) \end{bmatrix} + \begin{bmatrix} B_1(\rho(t)) \\ B_2(\rho(t)) \end{bmatrix} (u(t) - u_{eq}(\rho(t))) \tag{A.38}$$

Comme $w_{x_eq}(\rho(t))$ et $u_{eq}(\rho(t))$ sont supposées différentiables, on peut donc écrire :

$$\dot{w}_{x_eq}(\rho(t)) = \frac{dw_{x_eq}(\rho(t))}{dt} = \frac{\partial w_{x_eq}(\rho(t))}{\partial \rho(t)} \dot{\rho}(t) \tag{A.39}$$

$$\dot{u}_{eq}(\rho(t)) = \frac{du_{eq}(\rho(t))}{dt} = \frac{\partial u_{eq}(\rho(t))}{\partial \rho(t)} \dot{\rho}(t) \tag{A.40}$$

où $\rho(t) = [z_x(t)^T \, p(t)^T]^T$, ce qui conduit à réécrire l'équation (A.39) comme suit :

$$\dot{w}_{x_eq}(\rho(t)) = \frac{\partial w_{x_eq}}{\partial z_x(t)} \dot{z}_x(t) + \frac{\partial w_{x_eq}}{\partial p(t)} \dot{p}(t) \tag{A.41}$$

D'après l'équation (A.38), on a :

$$\dot{z}_x(t) = A_{12}(\rho(t))z_x(t) + B_1(\rho(t))(u(t) - u_{eq}(\rho(t))) \tag{A.42}$$

En remplaçant l'expression (A.42) dans (A.41), il vient :

$$\dot{w}_{x_eq}(\rho(t)) = \frac{\partial w_{x_eq}}{\partial z_x(t)}A_{12}(\rho(t))z_x(t) + \frac{\partial w_{x_eq}}{\partial z_x(t)}B_1(\rho(t))(u(t) - u_{eq}(\rho(t))) + \frac{\partial w_{x_eq}}{\partial p(t)}\dot{p}(t) \tag{A.43}$$

Afin d'obtenir une représentation dont le vecteur d'état est formé par $z_x(t)$ et $w_x(t) - w_{x_eq}(t)$, la soustraction entre la deuxième ligne de l'équation (A.38) et (A.43) donne :

$$\begin{bmatrix} \dot{z}_x(t) \\ \dot{w}_x(t) - \dot{w}_{x_eq}(\rho(t)) \end{bmatrix} = \begin{bmatrix} 0 & A_{12}(\rho(t)) \\ 0 & A_{22}(\rho(t)) - \frac{\partial w_{x_eq}}{\partial z_x(t)}A_{12}(\rho(t)) \end{bmatrix} \begin{bmatrix} z_x(t) \\ w_x(t) - w_{x_eq}(\rho(t)) \end{bmatrix} + \begin{bmatrix} B_1(\rho(t)) \\ B_2(\rho(t)) - \frac{\partial w_{x_eq}}{\partial z_x(t)}B_1(\rho(t)) \end{bmatrix} (u(t) - u_{eq}(\rho(t))) + \begin{bmatrix} 0 \\ -\frac{\partial w_{x_eq}}{\partial p(t)} \end{bmatrix} \dot{p}(t) \tag{A.44}$$

En posant $\tilde{w}_x(t) = w_x(t) - w_{x_eq}(\rho(t))$ et $\tilde{u}(t) = u(t) - u_{eq}(\rho(t))$, le modèle (A.44) se réécrit sous la forme suivante :

$$\begin{bmatrix} \dot{z}_x(t) \\ \dot{\tilde{w}}_x(t) \end{bmatrix} = \begin{bmatrix} 0 & A_{12}(\rho(t)) \\ 0 & A_{22}(\rho(t)) - \frac{\partial w_{x_eq}}{\partial z_x(t)}A_{12}(\rho(t)) \end{bmatrix} \begin{bmatrix} z_x(t) \\ \tilde{w}_x(t) \end{bmatrix} + \begin{bmatrix} B_1(\rho(t)) \\ B_2(\rho(t)) - \frac{\partial w_{x_eq}}{\partial z_x(t)}B_1(\rho(t)) \end{bmatrix} \tilde{u}(t) + \begin{bmatrix} 0 \\ -\frac{\partial w_{x_eq}}{\partial p(t)} \end{bmatrix} \dot{p}(t) \tag{A.45}$$

L'équation (A.45) représente le modèle quasi-LPV généré via une transformation exacte. On peut constater que ce n'est pas exactement une représentation d'état d'un système linéaire à paramètres variants à cause de la présence du dernier terme. Néanmoins, on peut considérer le terme $\begin{bmatrix} 0 \\ -\frac{\partial w_{x_eq}}{\partial p(t)} \end{bmatrix} \dot{p}(t)$ comme une entrée supplémentaire ou une perturbation qu'il s'agira de borner pour préserver l'inclusion des trajectoires.

Dans le cas où $\rho(t) = z_x(t)$, on obtient une transformation exacte du système quasi-LPV donnée par :

$$\begin{bmatrix} \dot{z}_x(t) \\ \dot{\tilde{w}}_x(t) \end{bmatrix} = \begin{bmatrix} 0 & A_{12}(\rho(t)) \\ 0 & A_{22}(\rho(t)) - \frac{\partial w_{x_eq}}{\partial z_x(t)} A_{12}(\rho(t)) \end{bmatrix} \begin{bmatrix} z_x(t) \\ \tilde{w}_x(t) \end{bmatrix}$$
$$+ \begin{bmatrix} B_1(\rho(t)) \\ B_2(\rho(t)) - \frac{\partial w_{x_eq}}{\partial z_x(t)} B_1(\rho(t)) \end{bmatrix} \tilde{u}(t) \tag{A.46}$$

Pour obtenir le modèle quasi-LPV global qui représente le système non linéaire, il suffit d'évaluer le système (A.45) obtenu en différents points d'équilibre puis faire l'interpolation entre les différents modèles qui en sont issus en utilisant l'une des méthodes présentée au paragraphe (A.2).

Avantages/Inconvénients de la méthode

L'obtention d'un modèle quasi-LPV exact (dans le sens où il ne fait pas appel à une approximation de Taylor), est un avantage de ce type d'approche.

Rappelons que cette technique a été proposée pour des applications aéronautiques où les modèles possèdent souvent des trajectoires d'équilibre caractérisées par des fonctions continues différentiables w_{x_eq} et u_{eq}. L'existence de telles trajectoires n'est pas toujours assurée dans d'autres applications.

A.4 Fonction de substitution

Cette technique est utilisée pour la même classe de systèmes non linéaires que celle utilisée dans le paragraphe précédent et dont la représentation d'état s'exprime sous la forme suivante :

$$\begin{bmatrix} \dot{z}_x(t) \\ \dot{w}_x(t) \end{bmatrix} = A(\rho(t)) \begin{bmatrix} z_x(t) \\ w_x(t) \end{bmatrix} + B(\rho(t))u(t) + K(\rho(t)) \tag{A.47}$$
$$A(\rho(t)) = \begin{bmatrix} A_{z_x}(\rho(t)) & A_{w_x}(\rho(t)) \end{bmatrix} = \begin{bmatrix} A_{11}(\rho(t)) & A_{12}(\rho(t)) \\ A_{21}(\rho(t)) & A_{22}(\rho(t)) \end{bmatrix}$$

Pour simplifier les notations et sans perte de généralité, on suppose dans la suite que le vecteur des paramètres d'ordonnancement est égal à la première composante du vecteur d'état, $\rho(t) = z_x(t) \in \mathbb{R}^{n_{z_x}}$. L'approche par fonction de substitution repose sur la substitution d'une fonction F appelée fonction de décomposition par des termes permettant de réécrire le modèle en modifiant la matrice d'état (matrice dont les éléments sont des fonctions des paramètres d'ordonnancement) pour tenir compte de la contribution de F qui dépend, entre autre, des non-linéarités décrites par $K(\rho(t))$. Cette contribution de F devient ainsi partie intégrante des dynamiques linéaires variant dans le temps décrites par le modèle qLPV résultant de cette approche. La fonction de décomposition F est formée de l'ensemble des termes du système non linéaire qui ne sont pas à la fois :

- ... affines en les entrées u et les états w_x (i.e. états ne faisant pas partie des paramètres d'ordonnancement),
- ... fonction du seul vecteur d'ordonnancemment après un changement de variable par rapport au point d'équilibre choisi pour appliquer la méthode.

La décomposition de la fonction F permettant d'obtenir un modèle qLPV à partir du modèle non linéaire (A.47) repose sur trois étapes caractéristiques des approches par fonction de substitution :

a) Choix d'un point d'équilibre et réécriture du modèle autour de ce point d'équilibre. Le cas d'un unique point d'équilibre est considéré dans ce document. Une extension de l'approche par fonction de substitution permettant de tenir compte d'un ensemble de points d'équilibres est proposée dans [108],

b) Choix d'une grille de points couvrant le domaine d'étude $\mathcal{Z}$ considéré pour les paramètres d'ordonnancement $z_x(t) \in \mathcal{Z}$. Les points de la grille peuvent être choisis sous la forme d'alignements parallèles aux axes de la base dans laquelle s'exprime le vecteur d'ordonnancement $z_x(t) \in \mathbb{R}^{n_{z_x}}$. Les $card(\mathcal{G})$ points de la grille seront notés z_{x_g}, $g \in \mathcal{G}$ où g représente un multi-index tel que $g = (g_1, \ldots, g_{n_{z_x}}) \in \mathcal{G}$ et $\mathcal{G} \subset \mathbb{N}^{n_{z_x}}$,

c) La décomposition de la fonction F déduite de l'étape a) s'exprime alors comme un problème d'optimisation en dimension finie (lié au choix d'une grille finie de points) visant à assurer la meilleure régularité possible des éléments de la matrice d'état du modèle qLPV final (tout en préservant des propriétés de stabillité locale dans le cas de l'approche décrite dans [108]).

En premier lieu, un point d'équilibre $(z_{x_eq}, w_{x_eq}, u_{eq})$ est choisi et les fonctions d'écart suivantes sont définies par rapport à ce point d'équilibre :

$$\tau_{z_x}(t) = z_x(t) - z_{x_eq} \tag{A.48}$$

$$\tau_{w_x}(t) = w_x(t) - w_{x_eq} \tag{A.49}$$

$$\tau_u(t) = u(t) - u_{eq} \tag{A.50}$$

Au point d'équilibre, l'équation d'état (A.47) donne :

$$\begin{bmatrix} 0 \\ 0 \end{bmatrix} = A(z_{x_eq}) \begin{bmatrix} z_{x_eq} \\ w_{x_eq} \end{bmatrix} + B(z_{x_eq})u_{eq} + K(z_{x_eq}) \tag{A.51}$$

Dans la suite de cette partie, les dépendances des grandeurs vis-à-vis du temps ne sont plus mentionnées explicitement afin de simplifier les notations. Par différence entre (A.47) et (A.51), le modèle est alors réécrit pour faire apparaître une fonction de décomposition F :

$$\begin{bmatrix} \dot{\tau}_{z_x} \\ \dot{\tau}_{w_x} \end{bmatrix} = A_{w_x}(z_x)\tau_{w_x} + B(z_x)\tau_u + F(\tau_{z_x}, z_{x_eq}, w_{x_eq}, u_{eq}) \tag{A.52}$$

$$F(\tau_{z_x}, z_{x_eq}, w_{x_eq}, u_{eq}) = A_{z_x}(z_x)\tau_{z_x} + (A(z_x) - A(z_{x_eq})) \begin{bmatrix} z_{x_eq} \\ w_{x_eq} \end{bmatrix} \dots$$
$$+(B(z_x) - B(z_{x_eq}))u_{eq} + (K(z) - K(z_{x_eq})) \tag{A.53}$$

Dans (A.53), $z_x = z_{x_eq} + \tau_{z_x}$ (d'après (A.48)). Par conséquent, étant donné le point d'équilibre (constant) considéré $(z_{x_eq}, w_{x_eq}, u_{eq})$, la fonction F peut être vue de manière équivalente aussi bien comme une fonction de τ_z que de z_x : par abus de notation, on notera ainsi indifféremment $F(\tau_{z_x}, z_{x_eq}, w_{x_eq}, u_{eq}) = F(\tau_{z_x}) = F(z_x) = F(\tau_{z_x}, z_x)$. L'objectif de l'approche par fonction de substitution repose essentiellement sur une décomposition de F faisant ressortir une linéarité en $\tau_{z_x} \in \mathbb{R}^{n_{z_x}}$ avec comme "paramètres" des fonctions du paramètre d'ordonnancement regroupées dans la matrice $E(z_x)$:

$$F(\tau_{z_x}, z_x) = E(z_x)\tau_{z_x} \tag{A.54}$$

L'intérêt d'une telle décomposition est la suivante : en substituant (A.54) à F dans (A.52), la contribution du terme non-linéaire $K(\rho(t))$ dans le modèle initial (A.47) peut être modélisée uniquement par des termes modifiant la matrice d'état initiale et donc devenir partie intégrante de la dynamique linéaire variant dans le temps du modèle qLPV final :

$$\begin{bmatrix} \dot{\tau}_{z_x} \\ \dot{\tau}_{w_x} \end{bmatrix} = \begin{bmatrix} A_{z_x}(z_x) + E(z_x) & A_{w_x}(z_x) \end{bmatrix} \begin{bmatrix} \tau_{z_x} \\ \tau_{w_x} \end{bmatrix} + B(z_x)\tau_u \tag{A.55}$$

La décomposition de F donnée par (A.54) n'est pas unique : il existe en effet une infinité de matrices $E(z)$ solutions de (A.54) puisqu'une telle décomposition correspond à un problème sous-déterminé. On peut d'ailleurs noter l'existence d'une décomposition exacte (définie hors du point d'équilibre : $z_x \neq z_{x_eq}$ ou, de manière équivalente, $||\tau_{z_x}|| \neq 0$) donnée par :

$$\tilde{E}(z_x) = F(z_x)(\tau_{z_x}^T \tau_{z_x})^{-1}\tau_{z_x}^T \tag{A.56}$$

Le problème de la décomposition de F étant sous-déterminé, il apparaît judicieux de tenir compte de critères complémentaires pour choisir $E(z_x)$. Ainsi, il est préférable que les éléments de $E(z_x)$ soient des fonctions régulières et bien définies pour éviter des discontinuités dans le modèle qLPV final et faciliter ainsi la synthèse de lois de commande ou d'observateurs. On peut également chercher à choisir $E(z_x)$ de telle sorte que le modèle qLPV final présente une propriété de stabilité locale cohérente avec la stabilité du modèle non-linéaire initial. Dans les deux cas, un paramétrage de $E(z_x)$ est tout d'abord obtenu pour chacun des points de la grille z_{x_g}, $g \in \mathcal{G}$. En s'appuyant sur un tel paramétrage permettant de ramener le choix de $E(z_x)$ à un problème de dimension finie, différents types d'algorithmes d'optimisation peuvent être mis en oeuvre pour optimiser des critères de régularité [77] et/ou de stabilité [108] sous différents types de contraintes liées à la formulation du problème : LP (Programmes Linéaires : égalité/inégalité linéaires), LMI (Inégalités Matricielles Linéaires) voire BMI (Inégalités Matricielles Bilinéaires). Dans ce dernier cas (BMI), la non-convexité n'induisant que des solutions locales, des relaxations sous la forme de LMI sont généralement privilégiées.

En chaque point de la grille z_{x_g}, $g \in \mathcal{G}$, la décomposition de F correspondant à (A.54) s'écrit :

$$F(z_{x_g}) = E(z_{x_g})\tau_{z_{x_g}} \in \mathbb{R}^n, \quad \tau_{z_{x_g}} = z_{x_g} - z_{x_eq} \in \mathbb{R}^{n_{z_x}} \tag{A.57}$$

où $n = n_{z_x} + n_{w_x}$. L'égalité correspondant à la $i^{\text{ème}}$ ligne ($i = 1, \dots n$) de la décomposition de F prise en z_{x_g}, $F_i(z_{x_g}) = E_{i,*}(z_{x_g})\tau_{z_{x_g}}$ peut être vue comme un système linéaire à une équation (scalaire) en l'inconnue $E_{i,*}(z_{x_g})^T \in \mathbb{R}^{n_{z_x}}$:

$$\tau_{z_{x_g}}^T E_{i,*}(z_{x_g})^T = F_i(z_{x_g}) \in \mathbb{R} \tag{A.58}$$

$$E_{i,*}(z_{x_g})^T = \tilde{E}_{i,*}(z_{x_g})^T + \mathcal{N}(\tau_{z_{x_g}}^T)\phi_i \tag{A.59}$$

L'ensemble des solutions du système linéaire (A.58) est paramétré par $\phi_i \in \mathbb{R}^{n_{z_x}-1}$. $\tilde{E}_{i,*}(z_{x_g})^T$ correspond à une solution particulière au sens des moindres carrés dont on peut noter le lien avec la solution exacte (A.56) qui est souligné par les notations utilisées. $\mathcal{N}(\tau_{z_{x_g}}^T) \in \mathbb{R}^{n_{z_x} \times (n_{z_x}-1)}$ désigne une matrice formée par les vecteurs d'une base (orthonormale) du noyau de $\tau_{z_{x_g}}^T$ qui peut être obtenue par une décomposition en valeurs singulières. En regroupant le paramétrage des solutions correspondant aux n égalités ($i = 1, \dots n$) de $F(z_{x_g}) = E(z_{x_g})\tau_{z_{x_g}}$, il vient :

$$E(z_{x_g})^T = \tilde{E}(z_{x_g})^T + \mathcal{N}(\tau_{z_{x_g}}^T)\phi \tag{A.60}$$

où $\phi \in \mathbb{R}^{(n_{z_x}-1) \times n}$ désigne une matrice permettant de paramétrer l'ensemble des solutions $E(z_{x_g})$ pour la décomposition de F au point z_{x_g} de la grille utilisée. Le modèle qLPV final au point z_{x_g}

s'exprime donc sous la forme :

$$\begin{bmatrix} \dot{\tau}_{z_x} \\ \dot{\tau}_{w_x} \end{bmatrix} = A_f(z_{x_g}, \phi) \begin{bmatrix} \tau_{z_x} \\ \tau_{w_x} \end{bmatrix} + B(z_x)\tau_u \tag{A.61}$$
$$A_f(z_{x_g}, \phi) = \begin{bmatrix} A_{z_x}(z_{x_g}) + \tilde{E}(z_{x_g}) + \phi^T \mathcal{N}(\tau_{z_{x_g}}^T)^T & A_{w_x}(z_{x_g}) \end{bmatrix}$$

Même si $A_f(z_{x_g}, 0)$ correspond à une solution particulière, cette dernière ne permet généralement pas d'assurer une certaine régularité aux éléments de la matrice lorsque l'on se déplace dans l'espace des paramètres d'ordonnancement. Il est cependant important de remarquer que $A_f(z_{x_g}, \phi)$ est linéaire en ϕ. Cette propriété est utilisée pour construire une ou plusieurs optimisations visant à choisir ϕ de façon à minimiser une approximation des dérivées premières et/ou secondes en z_g des éléments $A_{f,i,j}(z_x, \phi)$ de $A_f(z_x, \phi)$. Ces approximations des dérivées s'effectuent généralement en considérant des différences finies basées sur les points de la grille. Par exemple, en considérant trois points de la grille $z_{x_{g-}}$, z_{x_g}, $z_{x_{g+}}$, alignés dans la direction des z_{x_k} croissants ($z_{x_k} \in \mathbb{R}$, $k \in \{1, \ldots, n_{z_x}\} \subset \mathbb{N}$), une approximation de la dérivée seconde de $A_{f,i,j}(z_x, \phi)$ en $z_x = z_{x_g}$ dans cette direction est donnée par la formule d'interpolation par différences finies de Newton :

$$\frac{\partial^2 A_{f,i,j}(z_{x_g}, \phi)}{\partial z_{x_k}^2} \simeq \frac{\frac{A_{f,i,j}(z_{x_{g+}}, \phi) - A_{f,i,j}(z_{x_g}, \phi)}{z_{x_{g+}} - z_{x_g}} - \frac{A_{f,i,j}(z_{x_g}, \phi) - A_{f,i,j}(z_{x_{g-}}, \phi)}{z_{x_g} - z_{x_{g-}}}}{z_{g+} - z_{g-}} \tag{A.62}$$

Les deux termes de la différence au numérateur de (A.62) correspondent chacun à une approximation (à gauche et à droite) de la dérivée première de $A_{f,i,j}(z_x, \phi)$ en z_{x_g}. De plus, la linéarité de $A_f(z_{x_g}, \phi)$ en ϕ (idem pour $z_{x_{g-}}$ et $z_{x_{g+}}$) entraîne la linéarité par rapport à ϕ des approximations des dérivées premières et secondes des $A_{f,i,j}(z_x, \phi)$ en $z_x = z_{x_g}$ obtenues par des différences finies telles que (A.62). Il devient dès lors possible de construire une ou plusieurs optimisations visant à calculer ϕ minimisant différents critères de variation des $A_{f,i,j}(z_x, \phi)$ autour de $z_x = z_{x_g}$.

Notons que la stabilité locale correspondant au modèle qLPV final pris en un point z_{x_g} de la grille peut s'exprimer sous la forme de l'inégalité matricielle suivante où P désigne une matrice symétrique définie positive ($P \succ 0$) :

$$A_f(z_{x_g}, \phi)^T P + P A_f(z_{x_g}, \phi) \prec 0 \tag{A.63}$$

La contrainte (A.63) est une LMI dans le cas où ϕ est fixé par ailleurs et une BMI dans le cas où ϕ et P devraient être optimisés conjointement. Les formulations des problèmes d'optimisation permettant de déterminer ϕ sont nombreuses. La prise en compte des critères de régularité des éléments de $A_f(z_x, \phi)$ peut donner lieu à des optimisations successives comme dans [77]. La prise en compte conjointe de propriétés de régularité des éléments $A_f(z_x, \phi)$ et de stabilité locale est quant à elle introduite dans [108] où l'optimisation sous contraintes de type BMI est relaxée par l'utilisation du critère de Routh-Hurwitz sur le polynôme caractérisque de $A_f(z_{x_g}, \phi)$.

L'approche par fonction de substitution qui vient d'être présentée permet de construire un modèle qLPV final ayant la forme donnée en (A.55) par interpolation entre les matrices des représentations d'état obtenues aux différents points de la grille considérée. Différentes techniques d'interpolation sont alors enviseageables.

Dans le cas particulier d'une grille régulière et alignée permettant de couvrir un domaine d'étude $\mathcal{Z}$, pour toute valeur du vecteur d'ordonnancement $z_x \in \mathcal{Z}$, il existe une plus petite[1] boîte alignée (ou vecteur d'intervalles) $box(z_x) = [\underline{z_x}, \overline{z_x}] \subset \mathbb{R}^{n_{z_x}}$ contenant z_x ($\forall z_x \in \mathcal{Z}$, $z_x \in box(z_x)$) et telle que les $2^{n_{z_x}}$ sommets de $box(z_x)$ soient des points de la grille considérée (i.e. $\{z_{x_g}, g \in \mathcal{G}\}$). $\underline{z_x} \in \mathbb{R}^{n_{z_x}}$ et $\overline{z_x} \in \mathbb{R}^{n_{z_x}}$) désignent respectivement les bornes inférieure et supérieure de $box(z_x)$ qui correspond à une cellule élémentaire autour z_x délimitée par les points de la grille. On introduit la notation $\sigma \in \{-,+\}^{n_{z_x}}$ afin de représenter individuellement par z_x^σ chacun des n_{z_x} sommets de $box(z_x)$. Plus précisément, $z_x^\sigma \in \mathbb{R}^{n_{z_x}}$ est défini tel que $\forall i \in \{1, \ldots, n_{z_x}\}$, $(z_x^\sigma)_i = \underline{z_x}_i$ si $\sigma_i = -$, et $(z_x^\sigma)_i = \overline{z_x}_i$ si $\sigma_i = +$. Etant donnée une fonction f quelconque de z_x dont l'évaluation est connue pour tous les sommets de $box(z_x)$ (i.e. $\forall \sigma \in \{-,+\}^{n_{z_x}}$, $f(z_x^\sigma)$ connu), une approximation $\hat{f}$ de f par une interpolation linéaire suivant chacun des n_{z_x} axes est donnée par :

$$\begin{aligned} \hat{f}(z_x) &= \textstyle\sum_{\sigma \in \{-,+\}^{n_{z_x}}} \left(\prod_{i=1}^{n_{z_x}} \frac{1+\sigma_i \lambda_i(z_x)}{2} \right) f(z_x^\sigma) \\ \lambda(z_x) &= \frac{2z_x - \overline{z_x} - \underline{z_x}}{\overline{z_x} - \underline{z_x}} \in [-1,+1]^{n_{z_x}} \end{aligned}$$

Remarque : Lorsque $n_{z_x} = 1$, on a : $\hat{f}(z_x) = \left(\frac{1-\lambda(z_x)}{2}\right) f(\underline{z_x}) + \left(\frac{1+\lambda(z_x)}{2}\right) f(\overline{z_x})$.

Afin de garantir l'inclusion de l'ensemble des trajectoires du modèle initial, il est nécessaire d'augmenter le modèle qLPV final à l'aide de termes incertains permettant d'englober l'effet des approximations induites par la transformation de modèle issue de l'approche par fonction de substitution. En effet, bien que satisfaite en chacun des points de la grille, l'égalité (A.54) correspondant à la décomposition de F n'est qu'une approximation partout ailleurs du fait que l'interpolation entre les points ne représente pas de manière exacte la fonction non-linéaire initiale. Un modèle qLPV dont les trajectoires possibles englobent celles du modèle initial peut donc être écrit sous la

1. au sens de l'inclusion.

forme :

$$\begin{bmatrix} \dot{\tau}_{z_x} \\ \dot{\tau}_{w_x} \end{bmatrix} = \begin{bmatrix} A_{z_x}(z_x) + \hat{E}(z_x) + \Delta & A_{w_x}(z_x) \end{bmatrix} \begin{bmatrix} \tau_{z_x} \\ \tau_{w_x} \end{bmatrix} + B(z_x)\tau_u \tag{A.64}$$

$$\Delta \in [\underline{\Delta}(z_x), \overline{\Delta}(z_x)] \subset \mathbb{R}^{n \times n_{z_x}} \tag{A.65}$$

Δ $(= \Delta(t))$ correspond à un terme incertain variant dans le temps dont seules les bornes inférieures, $\underline{\Delta}(z_x)$, et supérieures, $\underline{\Delta}(z_x)$, sont supposées connues. Afin d'englober les trajectoires du modèle initial et compte-tenu de la décomposition de la fonction F sous la forme (A.54), ces bornes doivent satisfaire la propriété suivante :

$$\forall z_x \in \mathcal{Z}, \exists \Delta \in [\underline{\Delta}(z_x), \overline{\Delta}(z_x)], \; F(z_x) = (\hat{E}(z_x) + \Delta)\tau_{z_x} \tag{A.66}$$

Comme $F(z_{x_{eq}}) = 0$ d'après (A.53), un développement de Taylor de F autour du point d'équilibre permet d'écrire :

$$F(z_x) \in (\nabla_{z_x} F(z_{x_eq} + [0,1]\tau_{z_x}))\tau_{z_x} \tag{A.67}$$

$$F(z_x) \in \hat{E}(z_x)\tau_{z_x} + (\nabla_{z_x} F(z_{x_eq} + [0,1]\tau_{z_x}) - \hat{E}(z_x))\tau_{z_x} \tag{A.68}$$

Or, $\forall z_x \in \mathcal{Z}$, z_x appartient à une boîte délimitée par des points de la grille : $z_x \in box(z_x) = [\underline{z_x}, \overline{z_x}]$. En posant la relation (A.69) qui peut être évaluée hors ligne pour chaque boîte élémentaire associée à la grille en utilisant l'arithmétique par intervalles,

$$[\underline{\Delta}(z_x), \overline{\Delta}(z_x)] = \nabla_{z_x} F(z_{x_eq} + [0,1](box(z_x) - z_{x_eq})) - \hat{E}(z_x) \tag{A.69}$$

la propriété d'inclusion (A.66) est vérifiée. Dans (A.69), $\nabla_{z_x} F = \partial F / \partial z_x$. Un modèle qLPV augmenté d'incertitudes paramétriques explicites ayant la forme (A.64)-(A.65) est ainsi obtenu. L'ajout de termes d'incertitudes bornées aux modèles qLPV usuels issus d'une approche par fonction de substitution (cas où $\Delta = 0$ dans (A.64)) permet de ramener le calcul d'enveloppes incluant les trajectoires du modèle initial à un calcul d'atteignabilité sur une dynamique linéaire en présence d'incertitudes paramétriques qui s'expriment en fonction du vecteur d'ordonnancement.

A.5 Transformation polytopique convexe

Ce paragraphe présente une procédure systématique de transformation d'un système non linéaire en une forme LPV appelée transformation polytopique convexe.

On considère le modèle suivant :

$$\begin{cases} \dot{x}(t) = f(x(t), u(t)) \\ y(t) = g(x(t), u(t)) \end{cases} \tag{A.70}$$

où les non linéarités sont exprimées par les fonctions f et g.

La première étape de cette méthode consiste à réécrire le modèle non linéaire (A.70) en un modèle quasi-LPV décrit par :

$$\begin{bmatrix} \dot{x}(t) \\ y(t) \end{bmatrix} = \begin{bmatrix} A(\rho(x(t),u(t))) & B(\rho(x(t),u(t))) \\ C(\rho(x(t),u(t))) & D(\rho(x(t),u(t))) \end{bmatrix} \begin{bmatrix} x(t) \\ u(t) \end{bmatrix} \tag{A.71}$$

où $A(\rho(x(t),u(t))) \in \mathbb{R}^{n\times n}$,$B(\rho(x(t),u(t))) \in \mathbb{R}^{n\times m}$, $C(\rho(x(t),u(t))) \in \mathbb{R}^{s\times n}$ et $D(\rho(x(t)$ $,u(t))) \in \mathbb{R}^{s\times m}$ sont des matrices dépendant d'une manière non linéaire de l'état et de l'entrée. En effet, $\rho(x(t),u(t))$ est une fonction de composantes non linéaires de l'état et des entrées. Il faut noter que dans la réécriture du système non linéaire sous la forme (A.71), le vecteur des paramètres $\rho(x(t),u(t))$ peut être différent pour chaque matrice A, B, C ou D de la forme quasi-LPV. Par exemple, pour la matrice d'état il peut être une fonction non linéaire de l'état seulement tandis que pour la matrice de sortie, il peut s'exprimer en fonction de l'état et de l'entrée. Au-delà de cet exemple, de manière générale, on écrit ρ en fonction de $x(t)$ et $u(t)$.

Maintenant, à partir de la forme q-LPV issue du système (A.70), on définit un ensemble réunissant les composantes non linéaires issues des matrices $A(\rho(x(t),u(t)))$,$B(\rho(x(t),u(t)))$, $C(\rho(x(t),u(t)))$ et $D(\rho(x(t),u(t)))$. Cet ensemble est appelé ensemble des variables de prémisse. Il est représenté comme suit [65] :

$$V_z = \{z_1(\rho(x,u)),\ldots,z_k(\rho(x,u))\} \tag{A.72}$$

où $k \leq (n+s)(n+m)$ est la dimension de l'ensemble V_z des variables de prémisse $z_1(\rho(x,u)),\ldots,z_k(\rho(x,u))$ représentant les non linéarités identifiées à partir de la forme q-LPV (A.71).

En pratique, les modèles sont souvent structurés de telle sorte que certains termes non linéaires se retrouvent à l'identique dans l'expression de plusieurs éléments des matrices de la représentation d'état (A.71) qui sert de support à la transformation polytopique. Combiné au fait que les éléments de ces matrices sont rarement tous non linéaires, cela permet généralement de réduire significativement le nombre de variables prémisses par rapport à $(n+s)(n+m)$.

En général, un nombre important de formes quasi-LPV peuvent être associées au système non linéaire initial ; chaque forme est associée à un ensemble particulier de variables de prémisse. Choisir une forme quasi-LPV est équivalent à choisir un ensemble de variables de prémisse le plus adapté par rapport à l'objectif de l'étude (analyse de stabilité, synthèse d'observateur, etc.).

Dans une deuxième étape, on applique la transformation polytopique convexe à chaque variable de prémisse $z_j(\rho(x,u))(j=1,\ldots,k)$, en utilisant le Lemme suivant [65]

Lemme 10 *Soit $h : D \subset \mathbb{R}^n \times \mathbb{R}^m \longrightarrow \mathbb{R}$ une fonction continue et bornée. Alors il existe deux fonctions λ_i $(i \in \{+,-\})$*

$$\begin{aligned} \lambda_i : D &\longrightarrow [0,1] \\ (x(t),u(t)) &\longmapsto \lambda_i(x(t),u(t)) \end{aligned} \tag{A.73}$$

avec $\lambda_+(x(t),u(t)) + \lambda_-(x(t),u(t)) = 1$ telles que :

$$h(x(t),u(t)) = \lambda_+(x(t),u(t)).h_+ + \lambda_-(x(t),u(t)).h_- \tag{A.74}$$

Etant données les bornes $h_+ \geq \max_{(x,u)\in D}(h(x,u))$ et $h_- \leq \min_{(x,u)\in D}(h(x,u))$, les fonctions λ_+ et λ_- sont définies par :

$$\begin{aligned} \lambda_+(x(t),u(t)) &= \tfrac{h(x(t),u(t))-h_-}{h_+-h_-} \\ \lambda_-(x(t),u(t)) &= \tfrac{h_+-h(x(t),u(t))}{h_+-h_-} \end{aligned} \tag{A.75}$$

Notons que cette décomposition n'est pas unique. En appliquant ce Lemme aux variables de prémisse choisies, on obtient :

$$z_j(\rho(x,u)) = \lambda_{j,+}(z_j(\rho(x,u)))z_{j,+} + \lambda_{j,-}(z_j(\rho(x,u)))z_{j,-} \tag{A.76}$$

où les scalaires $z_{j,+}$ et $z_{j,-}$ sont définis comme dans (A.77), pour $(j=1,\cdots,k)$:

$$\begin{aligned} z_{j,+} &\geq \max_{(x,u)\in D}(z_j(\rho(x,u))) \\ z_{j,-} &\leq \min_{(x,u)\in D}(z_j(\rho(x,u))) \end{aligned} \tag{A.77}$$

avec

$$\begin{aligned} \lambda_{j,+}(z_j(\rho(x,u))) &= \tfrac{(z_j(\rho(x,u)))-z_{j,-}}{z_{j,+}-z_{j,-}} \\ \lambda_{j,-}(z_j(\rho(x,u))) &= \tfrac{z_{j,+}-(z_j(\rho(x,u)))}{z_{j,+}-z_{j,-}} \end{aligned} \tag{A.78}$$

Les scalaires $z_{j,+}$ et $z_{j,-}$ sont des bornes supposées connues. En effet, les variables de prémisse sont en fonction de l'état et/ou de la commande. Or, l'entrée est connue et l'état est inconnu mais on suppose que son min et son max peuvent être minorés (respectivement majorés) d'une manière explicite pour décrire le domaine d'étude considéré.

En utilisant les variables de prémisse, on définit $r = 2^p$ sous modèles quasi-LPV, avec des matrices d'état, d'entrée et de sortie données par :

$$A_i = A_0 + \sum_{j=1}^{p} (z_{j,\sigma_i^j}.A_j) \quad \text{(A.79)}$$

$$B_i = B_0 + \sum_{j=1}^{p} (z_{j,\sigma_i^j}.B_j) \quad \text{(A.80)}$$

$$C_i = C_0 + \sum_{j=1}^{p} (z_{j,\sigma_i^j}.C_j) \quad \text{(A.81)}$$

$$D_i = D_0 + \sum_{j=1}^{p} (z_{j,\sigma_i^j}.D_j) \quad \text{(A.82)}$$

où la matrice A_0 (resp. B_0, C_0 et D_0) correspond aux éventuels termes constants qui peuvent intervenir dans la matrice A_i (resp. B_i, C_i et D_i). Pour les matrices A_j (resp. B_j, C_j et D_j), l'élément correspondant à $z_j(\rho(x,u))$ est fixé à 1 et les éléments restants sont fixés à zéro. σ_i^j est un indice à valeurs dans $\{+,-\}$ correspondant à la sémantique suivante : borne supérieure pour $+$, borne inférieure pour $-$. σ_i^j représente l'indice de la $j^{\text{ème}}$ position dans le p-uplet σ_i qui code les bornes des variables de prémisse.

On a réussi à exprimer les matrices A_i (respectivement B_i, C_i et D_i) (pour $i = 1, \cdots, r$) en utilisant les matrices sommets A_j du polytope défini par les bornes des variables de prémisse (de l'équation (A.79) jusqu'à (A.82))

Ainsi, on peut écrire le modèle quasi-LPV global sous la forme d'une combinaison convexe de r sous modèles :

$$\begin{aligned} \dot{x}(t) &= \textstyle\sum_{i=1}^{r}(\mu_i(x(t),u(t))[A_i x(t) + B_i u(t)]) \\ y(t) &= \textstyle\sum_{i=1}^{r}(\mu_i(x(t),u(t))[C_i x(t) + D_i u(t)]) \end{aligned} \quad \text{(A.83)}$$

où les μ_i représentent les fonctions d'interpolation entre les différents modèles. Elles sont définies comme suit :

$$\mu_i(x(t),u(t)) = \Pi_{j=1}^{p} \lambda_{j,\sigma_i^j}(z_j(\rho(x,u))) \quad \text{(A.84)}$$

D'après l'équation (A.84), on peut remarquer que les fonctions de pondération captent les non linéarités du système. Il faut noter aussi que ces fonctions respectent les propriétés de convexité :

$$\sum_{i=1}^{r} \mu_i(z) = 1 \quad \text{(A.85)}$$

Avantages/Inconvénients de la méthode

Dans cette approche, on peut garder une garantie d'inclusion des trajectoires du système de départ, contrairement à d'autres méthodes. De plus, le choix de différents points de fonctionnement n'est plus nécessaire ce qui est un avantage de cette méthode. Par contre, selon les variables de prémisse choisies, on obtient différentes représentations. Ce choix n'est pas systématique et peut influer significativement sur la structure du modèle finalement obtenu, que ce soit en terme de complexité (combinatoire sur les sommets) ou de conservatisme dès lors que les variables prémisses sont considérées comme incertaines et que la seule information sur chacune de ces dernières est donnée par l'appartenance à un intervalle.

A.6 Techniques de linéarisation par difféomorphisme

Dans les sections précédentes, nous avons présenté des méthodes de transformation et d'approximation de systèmes non linéaires en systèmes LPV ou quasi-LPV. Ces techniques permettent de simplifier la structure du modèle mais en introduisant un conservatisme. Dans cette section, nous allons présenter une technique de linéarisation exacte basée sur un changement de base non linéaire via un difféomorphisme [56, 61].

A.6.1 Définitions

Définition 49 (Difféomorphisme) *Un changement de coordonnées $z = T(x)$ est appelé difféomorphisme dans un domaine $\mathcal{D}$ s'il possède les propriétés suivantes :*

- *$T(x)$ est inversible, c'est à dire qu'il existe une fonction $T^{-1}(z)$ telle que $T^{-1}(z) = x$, $\forall z \in T(\mathcal{D})$;*
- *$T(x)$ et $T^{-1}(z)$ sont continûment différentiables, c'est-à-dire toutes leurs dérivées partielles sont continues.*

Définition 50 (Dérivée de Lie) *Soient f un champ de vecteurs sur $\mathcal{D} \subseteq \mathbb{R}^n$ et h une fonction régulière dans $\mathcal{D}$. La dérivée de Lie de h dans la direction f, notée $L_f h$, est définie par :*

$$L_f h(x) = \tfrac{\partial h}{\partial x} f(x) \tag{A.86}$$

Les dérivées de Lie successives de h dans la même direction du champ de vecteurs f sont données par la relation récursive :

$$L_f^k h(x) = L_f L_f^{k-1} h(x) = \frac{\partial (L_f^{k-1} h)}{\partial x} f(x)$$

avec $L_f^0 h(x) = h(x)$.

Définition 51 (Degré relatif) *Soit un système non linéaire décrit par :*

$$\begin{cases} \dot{x} = f(x) + g(x)u \\ y = h(x) \end{cases} \tag{A.87}$$

où f, g et h sont des fonctions régulières dans un domaine $\mathcal{D} \subset \mathbb{R}^n$. Le système (A.87) possède un degré relatif r, $1 \leq r \leq n$, sur un domaine $\mathcal{D}_0 \subset \mathcal{D}$ si :

$$\begin{cases} L_g L_f^{i-1} h(x) = 0, \; i = 1, 2, \ldots, r-1, \;\; \forall x \in \mathcal{D}_0 \\ L_g L_f^{r-1} h(x) \neq 0 \end{cases}. \tag{A.88}$$

Définition 52 *Considérons le système décrit par (A.87), la matrice $\mathcal{Q}$ définie par :*

$$\mathcal{Q}(x) = \begin{pmatrix} \mathrm{d}h(x) \\ \mathrm{d}L_f h(x) \\ \vdots \\ \mathrm{d}L_f^{n-1} h(x) \end{pmatrix} \tag{A.89}$$

est appelée matrice d'observabilité de (A.87), où $\mathrm{d}h$ est le gradient de h. Le système (A.87) est dit localement observable au point $x \in \mathcal{D}$ si la matrice $\mathcal{Q}$ possède un rang n à ce point.

A.6.2 Linéarisation partielle par difféomorphisme

Considérons un système non linéaire décrit par (A.87). D'après [56], si le système (A.87) est localement observable, les vecteurs lignes $\mathrm{d}h, \mathrm{d}L_f h, \ldots, \mathrm{d}L_f^{n-1} h$ sont linéairement indépendants et les vecteurs $h(x), L_f h(x), \ldots L_f^{n-1} h(x)$ représentent une nouvelle base pour ce système au voisinage de x. Cette base est définie par :

$$\begin{cases} \Psi_1(x) &= h(x) \\ \Psi_2(x) &= L_f h(x) \\ &\vdots \\ \Psi_n(x) &= L_f^{n-1} h(x) \end{cases} \tag{A.90}$$

Le difféomorphisme local $\Psi(x) = (\varrho_1, \varrho_2, \ldots, \varrho_n)^T = (\Psi_1(x), \Psi_2(x), \ldots, \Psi_n(x))^T$ transforme le système (A.87) en :

$$\begin{cases} \dot{\varrho} &= A\varrho + B\left(a(\varrho) + b(\varrho)u\right) \\ y &= C\varrho \end{cases}, \tag{A.91}$$

avec

$$A = \begin{pmatrix} A_r & \mathbf{0}_{(r-1)\times(n-r)} \\ \mathbf{0}_{(n-r+1)\times r} & \mathbf{0}_{(n-r+1)\times(n-r)} \end{pmatrix}$$

où

$$A_r = \begin{pmatrix} 0 & 1 & \dots & 0 \\ 0 & 0 & \ddots & \vdots \\ \vdots & \vdots & \ddots & 1 \end{pmatrix} \in \mathbb{R}^{r-1\times r}$$

et

$$B = \begin{pmatrix} 0 \\ \vdots \\ 0 \\ B_1 \end{pmatrix} \in \mathbb{R}^n$$

$$C = \begin{pmatrix} 1 & 0 & \dots & 0 \end{pmatrix} \in \mathbb{R}^n.$$

Le vecteur B_1 contient $(n - r + 1)$ éléments. Par ailleurs, notons que lorsque le degré relatif du système (A.87) est n, alors les fonctions a, b et B_1 sont scalaires. Pour plus de détails sur cette transformation, le lecteur peut se référer par exemple à [56].

Le modèle (A.91) est une représentation linéaire partielle exacte du modèle non linéaire (A.87). Par ailleurs, sous certaines conditions, il est possible de déterminer un difféomorphisme permettant de transformer le modèle non linéaire (A.87) en un modèle linéaire à une injection de sortie près [67, 121]. Ce dernier peut alors être considéré complètement linéaire étant donné que la non linéarité résiduelle ne dépend que de grandeurs mesurées.

Bibliographie

[1] M. Adam-Medina, M. Rodrigues, D. Theilliol, and H. Jamouli. Fault diagnosis in nonlinear systems through an adaptive filter under a convex set representation. In *European Control Conference, ECC*, 2003.

[2] T. Alamo, J.M. Bravo, and E.F. Camacho. Guaranteed state estimation by zonotopes. *Automatica*, 41(6) :1035–1043, 2005.

[3] F. Anstett, G. Millrioux, and G. Bloch. Polytopic observer design for LPV systems based on minimal convex polytope finding. *Algorithms and Computational Technology*, 3(2).

[4] B. D. Appleby. *Robust Estimator Design using the H_∞ Norm and μ Synthesis*. PhD thesis, Department of Aero/Astro Eng., MIT, 1990.

[5] M. S. Arulampalam, S. Maskell, N. Gordon, and T. Clapp. A tutorial on particle filters for online nonlinear/non-gaussian bayesian tracking. *IEEE Transactions on Signal Processing*, 50(2), 2002.

[6] E. Asarin, O. Bournez, T. Dang, and O. Maler. Approximate reachability analysis of piecewise-linear dynamical systems. In *Hybrid Systems : Computation and Control (HSCC)*, pages 20–31. Springer Berlin Heidelberg, 2000.

[7] J. M. Aughenbaugh and C. J. J. Paredis. Why are intervals and imprecision important in engineering design ? *Reliable Engineering Computing Workshop*, 2006.

[8] J. Back and A. Astolfi. Design of positive linear observers for positive linear systems via coordinate transformations and positive realizations. *SIAM J. Control Optim.*, 47(1), 2008.

[9] G. I. Bara, J. Daafouz, J. Ragot, and F. Kratz. State estimation for affine LPV systems. *39th IEEE Conference on Decision and Control*, 5 :4565–4570, 2000.

[10] G.I. Bara. *State estimation of linear parameter-varying systems*. PhD thesis, National Polytechnic Institute of Lorraine, 2001.

[11] G.I. Bara, J. Daafouz, F. Kratz, and J. Ragot. Parameter dependent state observer design for affine LPV systems. *Int. J. of Control*, (16) :1601–1611, 2001.

[12] R.H. Bartels and G.W. Stewart. Solution of the matrix equation $ax + xb = c$: Algorithm 432. *Comm. ACM*, 15 :820–826, 1972.

[13] M. Basseville and I. V. Nikiforov. *Detection of Abrupt Changes : Theory and Application.* Englewood Cliffs, NJ : Prentice Hall, 1993.

[14] Y. Becis-Aubry, M. Boutayeb, and M. Darouach. State estimation in the presence of bounded disturbances. *Automatica*, 44(7) :1867–1873, 2008.

[15] G. Belforte, B. Bona, and V. Cerone. Parameter estimation algorithms for a setmembership description of uncertainty. *Automatica*, 26(5) :887–898, 1990.

[16] O. Bernard and J.L. Gouzé. Closed loop observers bundle for uncertain biotechnological models. *Journal of Process Control*, 14(7) :765–774, 2004.

[17] J. Bokor and Z. Szabo. Fault detection and isolation in nonlinear systems. *In Annual Reviews in Control*, pages 113–123, 2009.

[18] O. Botchkarev and S. Tripakis. Verification of hybrid systems with linear differential inclusions using ellipsoidal approximations. In *Hybrid Systems : Computation and Control (HSCC)*, pages 73–88. Springer Berlin Heidelberg, 2000.

[19] Y. Candeau, T. Raïssi, N. Ramdani, and L. Ibos. Complex interval arithmetic using polar form. *Reliable Computing*, 12 :1–20, 2006.

[20] J. Chen and R.J. Patton. Robust model-based fault diagnosis for dynamic systems. *Kluwer Academic Publishers, Norwell, MA, USA*, 1999.

[21] L. Chisci, A. Garulli, and G. Zappa. Recursive state bounding by parallelotopes. *Automatica*, 32(7) :1049–1055, 1996.

[22] C. Combastel. A state bounding observer based on zonotopes. *European Control Conference*, 2003.

[23] C. Combastel. A state bounding observer for uncertain non-linear continuous-time systems based on zonotopes. *Seville (Spain). 44th IEEE Conference on Decision and Control, European Control Conference. CDC-ECC*, 2005.

[24] C. Combastel. Robust adaptive thresholds under additive and multiplicative disturbances. *8th Safeprocess, IFAC International Symposium on Fault Detection, Supervision and Safety of Technical Processes*, 8(1) :1268–1274, 2012.

[25] C. Combastel. Stable interval observers in $\mathbb{C}$ for linear systems with time-varying input bounds. *IEEE Transactions on Automatic Control*, 58(2) :481–487, 2013.

[26] C. Combastel and S. A. Raka. On computing envelopes for discrete-time linear systems with affine parametric uncertainties and bounded inputs. *18th IFAC World Congress*, 18(1) :4525–4533, 2011.

[27] C. Combastel and S.A. Raka. A stable interval observer for LTI systems with no multiple poles. *IFAC World Congress*, 18(1), 2011.

[28] C. Combastel, R. E. H. Thabet, T. Raïssi, A. Zolghadri, and D. Gucik. Set-membership fault detection under noisy environment in aircraft control surface servo-loops. *19th IFAC World Congress*, page 8265–8271, Cape Town, South Africa, August 24-29, 2014.

[29] G. F. Corliss and R. Rihm. Validating an a priori enclosure using high-order taylor series. In *Scientific Computing, Computer Arithmetic, and Validated Numerics*, pages 228–238. Akademie Verlag, 1996.

[30] J. Daafouz, G. I. Bara, F. Kratz, and J. Ragot. State observers for discrete-time LPV systems : an interpolation based approach. *Conference on Decision and Control*, 5 :4571–4572, 2000.

[31] S.X. Ding. *Model-based Fault Diagnosis Techniques*. Springer, 2008.

[32] C. Durieu, B. Polyak, , and E. Walter. Trace versus determinant in ellipsoidal outer bounding with application to state estimation. *13th IFAC World Congress*, page 43–48, 1996.

[33] C. Durieu, E. Walter, and B. Polyak. Multi-input multi-output ellipsoidal state bounding. *Journal of Optimization Theory and Applications*, 111(2) :273–303, 2001.

[34] D. Efimov, L. Fridman, T. Raïssi, A. Zolghadri, and R. Seydou. Interval estimation for LPV systems applying high order sliding mode techniques. *Automatica*, pages 2365–2371, 2012.

[35] D. Efimov, W. Perruquetti, T. Raïssi, and A. Zolghadri. Interval observers for time-varying discrete-time systems. *IEEE Transaction on Automatic Control*, 58, 2013.

[36] D. Efimov, T. Raïssi, S. Chebotarev, and A. Zolghadri. On set-membership observer design for a class of periodical time-varying systems. *51st IEEE Conference on Decision and Control*, pages 6767–6772, 2012.

[37] D. Efimov, T. Raïssi, S. Chebotarev, and A. Zolghadri. Interval state observer for nonlinear time varying systems. *Automatica*, 49(1) :200–205, 2013.

[38] D. Efimov, T. Raïssi, and A. Zolghadri. Control of nonlinear and LPV systems : interval observer-based framework. *IEEE Transaction on Automatic control*, 58(13), 2013.

[39] A. Eggers, N. Ramdani, N. Nedialkov, and M. Fränzle. Improving sat modulo ode for hybrid systems analysis by combining different enclosure methods. *Software and Systems Modeling*, pages 172–187, 2012.

[40] M. B. Elowitz and S. Leibler. A synthetic oscillatory network of transcriptional regulators. *Nature*, page 335–338, 2000.

[41] W.H. Enright. Improving the efficiency of matrix operations in the numerical solution of stiff ordinary differential equations. *ACM Trans. Math. Softw.*, 4 :127–136, 1978.

[42] E. Fogel and Y.F. Huang. On the value of information in system identification—bounded noise case. *Automatica*, 18(2) :229–238, 1982.

[43] S. Nash G. H. Golub and C. F. Van Loan. A Hessenberg-Schur method for the problem $ax + xb = c$. *IEEE Transactions on Automatic Control*, page 909–913, 1979.

[44] J. H. Gillula, G. M. Hoffmann, H. Huang, M. P. Vitus, and C. J. Tomlin. Applications of hybrid reachability analysis to robotic aerial vehicles. *International Journal of Robotic Research-IJRR*, 30(3) :335–354, 2011.

[45] A. Girard. Reachability of uncertain linear systems using zonotopes. *Hybrid Systems : Computation and Control, LNCS*, 3414 :291–305, 2005.

[46] P. Goupil. Oscillatory failure case detection in the A380 electrical flight control system by analytical redundancy. *Control Engineering Practice*, 18(9) :1110–1119, 2010.

[47] P. Goupil. Airbus state of the art and practices on FDI and FTC in flight control system. *Control Engineering Practice*, 19 :524–539, 2011.

[48] J. L. Gouzé and M. Z. Hadj-Sadok. Bounds estimations for uncertain models of wastewater treatment. *IEEE International Conference on Control Applications*, 1 :336–340, 1998.

[49] J.L. Gouzé, A. Rapaport, and M.Z. Hadj-Sadok. Interval observers for uncertain biological systems. *Ecological Modelling*, 133(1-2) :46–56, 2000.

[50] L. Granvilliers and F. Benhamou. Realpaver : An interval solver using constraint satisfaction techniques. *ACM Transaction On Mathematical Software*, 32, 2006.

[51] R. E. Hansen. *Global optimization using interval analysis, second edition.* CRC, 2004.

[52] D. Henry, A. Zolghadri, J. Cieslak, and D. Efimov. Fault detection and diagnosis in electrical aircraft flight control system. In *AIAA Guidance, Navigation and Control Conference (GNC'11).* Portland, Oregon, USA, August 2011.

[53] M.W. Hirsch and H. L. Smith. Competitive and cooperative systems : A mini-review. *International Symposium on Positive Systems : Theory and Applications (POSTA)*, pages 183–190, 2003.

[54] I. Hwang, S. Kim, Y. Kim, and C.E. Seah. A survey on fault detection, isolation and reconfiguration methods. *IEEE Transactions on Control Systems Technology*, 18(3) :636–653, 2010.

[55] R. Isermann. Model-based fault-detection and diagnosis status and applications. *In Annual Reviews in Control*, 29(1) :71–85, 2005.

[56] I. Isidori. *Nonlinear Control Systems.* Communications and Control Engineering Series. Springer-Verlag, Berlin, 1995.

[57] L. Jaulin. Nonlinear bounded-error state estimation of continuous time systems. *Automatica*, 38(2) :1079–1082, 2002.

[58] L. Jaulin, M. Kieffer, O. Didrit, and E. Walter. *Applied Interval Analysis.* Springer, 2001.

[59] R. Kalman. A new approach to linear filtering and prediction problems. *Journal of basic Engineering*, 82(1) :35–45, 1960.

[60] R. E. Kalman and R.S. Bucy. New results in linear filtering and prediction theory. *Trans. ASME, Journal of Basic Engineering*, 83 :95–108, 1961.

[61] H. K. Khalil. *Nonlinear Systems.* Prentice Hall, New Jersey, 2002.

[62] M. Kieffer, L. Jaulin, and E. Walter. Guaranteed recursive non-linear state bounding using interval analysis. *International Journal of Adaptive Control and Signal Processing*, 16(3) :193–218, 2002.

[63] M. Kieffer and E. Walter. Guaranteed nonlinear state estimation for continuous-time dynamical models from discrete-time measurements. *5th IFAC Symposium on Robust Control Design*, 5(1) :685–690, 2006.

[64] M. Kieffer, E. Walter, and I. Simeonov. Guaranteed nonlinear parameter estimation for continuous-time dynamial models. *In proceedings of 14th IFAC Symposium on System Identification*, pages 843–848, 2006.

[65] A.M. Nagy Kiss. *Analyse et synthèse de multimodèles pour le diagnostic. Application à une station d'épuration.* PhD thesis, Nancy-Université, INPL, 2010.

[66] R. Krawczyk and A. Neumaier. Interval slopes for rational functions and associated centered forms. *SIAM J. Numer. Anal.*, 22 :604–616, 1985.

[67] A. J. Krener and W. Respondek. Nonlinear observers with linearizable error dynamics. *SIAM Journal on Control and Optimization*, 23(2) :197–216, 1985.

[68] M. Ksouri-Lahmari. *Contribution à la commande multimodèles des processus complexes.* PhD thesis, Université des Sciences et Technologies de Lille, 1999.

[69] M. Ksouri-Lahmari, M. Benrejeb, and P. Borne. Multimodèle et défaillance. *SAI*, 2006.

[70] A. Kurzhanskiy and P. Varaiya. Ellipsoidal techniques for reachability analysis of discrete-time linear systems. *IEEE Transactions on Automatic Control*, 52(1) :26–38, 2007.

[71] A. Lalami and C. Combastel. Generation of set membership tests for fault diagnosis and evaluation of their worst case sensitivity. *6th IFAC Symposium on Fault Detection, Supervision and Safety of Technical Processes*, 2006. Beijing, China.

[72] D. G. Luenberger. Observing the state of a linear system. *IEEE Transactions on Military Electronics*, 8(2) :74–80, 1964.

[73] J. Lunze, T. Steffen, and U. Riedel. Fault diagnosis of dynamical systems based on state-set observation. *SafeProcess/DX'03. 14th International Workshop on Model-based Diagnosis (DX'03), Washington*, pages 71–78, 2003.

[74] J. Lygeros, C. Tomlin, and S. Sastry. Controllers for reachability specifications for hybrid systems. *Automatica*, 35(3) :349–370, 1999.

[75] O. Bernard M. Moisan. Robust interval observers for global lipschitz uncertain chaotic systems. *Systems and Control Letters*, 59(1) :687–694, 2010.

[76] D. Maksarov and J. Norton. Computationally efficient algorithms for state estimation with ellipsoidal approximations. *International Journal of Adaptive Control and Signal Processing*, 16(6) :411–434, 2002.

[77] A. Marcos and G.J. Balas. Development of linear parameter varying models for aircraft. *Journal of Guidance, Control, and Dynamics*, 27(2) :218–228, 2004.

[78] F. Mazenc and O. Bernard. Asymptotically stable interval observers for planar systems with complex poles. *IEEE Transactions on Automatic Control*, 55(2), 2010.

[79] F. Mazenc and O. Bernard. Interval observers for linear time-invariant systems with disturbances. *Automatica*, 47 :140–147, 2011.

[80] F. Mazenc, M. Kieffer, and E. Walter. Interval observers for continuous-time linear systems with discrete-time outputs. *American Control Conference*, pages 1889–1894, 2012.

[81] A. Messaoud, M. Ltaif, and R. Ben Abdennour. Fuzzy supervision for a multimodel generalized predictive control based on performances index. *International Journal of Sciences and Techniques of Automatic Control & Computer Engeneering*, 2007.

[82] I. M. Mitchell, A. M. Bayen, and C. J. Tomlin. A time-dependant Hamilton-Jacobi formulation of reachable sets for continuous dynamics games. *IEEE Trans. Autom. Control*, 50(7) :947–957, 2005.

[83] M. Moisan, O. Bernard, and J.L. Gouzé. Near optimal interval observers bundle for uncertain bioreactors. *Automatica*, 45(1) :291–295, 2009.

[84] R. E. Moore. Interval analysis. *NJ : Prentice-Hall, Englewood Cliffs*, 1966.

[85] M. Müller. Uber das fundamentaltheorem in der theorie der gewöhnlihen differentialgleihungen. *Mathematishe Zeitshrift*, 26 :619–645, 1927.

[86] K. Narendra, J. Balakrishnan, and M. Kermal. Adaptation and learning using multiple models, switching and tuning. *IEEE Control Systems*, 15(3) :37–51, 1995.

[87] N. S. Nedialkov. Vnode-LP a validated solver for initial value problems in ordinary differential equations. Technical report CAS-06-06-NN, Department of Computing and Software, McMaster University, Hamilton, Ontario, 2006.

[88] N. S. Nedialkov and K. R. Jackson. An interval Hermite-Obreschkoff method for computing rigorous bounds on the solution of an initial value problem for an ordinary differential equation. *Reliable Computing*, 5 :289–310, 1998.

[89] N. S. Nedialkov and K. R. Jackson. An interval Hermite-Obreschkoff method for computing rigorous bounds on the solution of an initial value problem for an ordinary differential equation. *Reliable Computing*, 5 :289–310, 1998.

[90] N. S. Nedialkov, K. R. Jackson, and J. D. Pryce. An effective high-order interval method for validating existence and uniqueness of the solution of an IVP for an ODE. *Reliable Computing*, 7 :449–465, 2001.

[91] N.S. Nedialkov. *Computing rigourous bounds on the solution of an initial value problem for an ordinary differential equation.* PhD thesis, University of Toronto, 1999.

[92] A. Neumaier. *Interval methods for systems of equations.* Encyclopedia of Mathematics and its Applications 37. Cambridge University Press, 1990.

[93] M. Nørgaard, N. K. Poulsen, and O. Ravn. New developments in state estimation for nonlinear systems. *Automatica*, 36(11), 2000.

[94] M. S. Petkovic and L. D. Petkovic. *Complex interval arithmetic and its applications.* Wiley-VCH, 1998.

[95] B. T. Polyak, S. A. Nazin, C. Durieu, and E. Walter. Ellipsoidal parameter or state estimation under model uncertainty. *Automatica*, 40(7) :1171–1179, 2004.

[96] T. Raïssi, D. Efimov, and A. Zolghadri. Interval state estimation for a class of nonlinear systems. *IEEE Transactions on Automatic Control*, 57(1), 2012.

[97] T. Raïssi, N. Ramdani, and Y. Candau. Set membership state and parameter estimation for systems described by nonlinear differential equations. *Automatica*, 40(10) :1771–1777, 2004.

[98] T. Raïssi, G. Videau, and A. Zolghadri. Interval observer design for consistency checks of nonlinear continuous-time systems. *Automatica*, 46(3) :518–527, 2010.

[99] S. A. Raka and C. Combastel. Fault detection based on robust adaptive thresholds : A dynamic interval approach. *Annual Reviews in Control*, 37(1) :119–128, 2013.

[100] N. Ramdani, N. Meslem, and Y. Candau. A hybrid bounding method for computing an over-approximation for the reachable set of uncertain nonlinear systems. *IEEE Transactions On Automatic Control*, 54(10) :2352–2364, 2009.

[101] N. Ramdani, N. Meslem, and Y. Candau. Computing reachable sets for uncertain nonlinear monotone systems. *Nonlinear Analysis : Hybrid systems*, 4(2) :263–278, 2010.

[102] M. Ait Rami, F. Tadeo, and U. Helmke. Positive observers for linear positive systems and their implications. *International Journal of Control*, 84(4) :716–725, 2011.

[103] A. Rapaport and J.L. Gouzé. Practical observers for uncertain affine output injection systems. *European Control Conference*, 1999.

[104] F.C. Schweppe. Recursive state estimation : Unknown but bounded errors and system inputs. *IEEE Transactions on Automatic Control*, 13(1) :22–28, 1968.

[105] J. K. Scott and P. I. Barton. Bounds on the reachable sets of nonlinear control systems. *Automatica*, 94(1) :93–100, 2013.

[106] R. Seydou. *Contribution au développement des techniques ensemblistes pour l'estimation de l'état et des entrées des systèmes à temps continu : application à la détection de défauts*. PhD thesis, Université Bordeaux 1, 2012.

[107] J.S. Shamma and J.R. Cloutier. Gain-scheduled missile autopilot design using linear parameter varying transformations. *Journal of Guidance, Control and Dynamics*, 1993.

[108] J.Y. Shin. Quasi-linear parameter varying representation of general aircraft dynamics over non-trim region. Technical Report NASA CR-2007-213926, NIA Report No.2005-08, National Institute of Aerospace, Hampton, Virginia, February 2007.

[109] L. Silverman. Transformation of time–variable systems to canonical (phase-variable) form. *IEEE Trans on Automatic Control*, 11(2) :300–303, 1966.

[110] A.B. Singer and P.I. Barton. Bounding the solutions of parameter dependent nonlinear ordinary differential equations. *SIAM Journal on Sientific Computing*, 27(6) :2167–2182, 2006.

[111] H. L. Smith. *Monotone dynamical systems : an introduction to the theory of competitive and cooperative systems*, volume 41. Mathematical surveys and monographs, 1995.

[112] R. E. H. Thabet, C. Combastel, T. Raïssi, N. Ramdani, and A. Zolghadri. Computing reachable sets for nonlinear systems in presence of bounded uncertainties. *European Control Conference*, page 227–233, 2014.

[113] R. E. H. Thabet, C. Combastel, T. Raïssi, and A. Zolghadri. Set-membership fault detection under noisy environment with application to the detection of abnormal aircraft control surface positions. *International Journal of Control*, Accepted, 2015, DOI : 10.1080/00207179.2015.1023740.

[114] R. E. H. Thabet, T. Raïssi, C. Combastel, D. Efimov, and A. Zolghadri. An effective method to interval observer design for time-varying systems. *Automatica*, 50(10), 2014.

[115] R. E. H. Thabet, T. Raïssi, C. Combastel, and A. Zolghadri. Design of interval observers for LPV systems subject to exogenous disturbances. *European Control Conference*, pages 1126–1131, 2013.

[116] R. Tòth. *Modeling and identification of linear parameter-variying systems.* Springer Germany, 2010.

[117] G. Videau. *Méthodes garanties pour l'estimation d'état et le contrôle de cohérence des systèmes non linéaires à temps continu.* PhD thesis, Université Bordeaux 1, 2009.

[118] E. Walter and M. Kieffer. Interval analysis for guaranteed nonlinear parameter estimation. *SYSID*, page 259–270, 2003.

[119] E. Wan and R. Van Der Merwe. The unscented Kalman filter for nonlinear estimation. *In Proceedings of Symposium*, pages 153–158, 2000.

[120] T. Wang. *Sliding Mode Fault Tolerant Reconfigurable Control against Aircraft Control Surface Failures.* PhD thesis, Concordia University, 2012.

[121] X. H. Xia and W. B. Gao. Nonlinear observer design by observer error linearization. *SIAM J. Control Optim.*, 27(1) :199–216, 1989.

[122] J. Zhu and C. D. Johnson. Unified canonical forms for linear time-varying dynamical systems under D-similarity transformations. Part I. *Southeastern Symposium on System Theory*, pages 74–81, 1989.

[123] J. Zhu and C. D. Johnson. Unified canonical forms for linear time-varying dynamical systems under D-similarity transformations. Part II. *Southeastern Symposium on System Theory*, pages 57–63, 1989.

[124] J. Zhu and C.D. Johnson. Unified canonical forms for matrices over a differential ring. *Linear Algebra and its Applications*, 147 :201–248, 1991.

[125] A. Zolghadri, D. Henry, J. Cieslak, D. Efimov, and P. Goupil. *Fault Diagnosis and Fault-Tolerant Control and Guidance for Aerospace Vehicles, from theory to application.* Series : Advances in Industrial Control. Springer, August 2013.

[126] T. Zouari, K. Laabidi, and M. Ksouri. Multimodel approach applied for failure diagnosis. *International Journal of Sciences and Techniques of Automatic Control & Computer Engeneering*, 2008.

Titre : Détection de défauts des systèmes non linéaires à incertitudes bornées : De la théorie à l'application

Résumé : La surveillance des systèmes industriels et/ou embarqués constitue une préoccupation majeure en raison de l'accroissement de leur complexité et des exigences sur le respect des profils de mission. La détection d'anomalies tient une place centrale dans ce contexte. Fondamentalement, les procédures de détection à base de modèles consistent à comparer le fonctionnement réel du système avec un fonctionnement de référence établi à l'aide d'un modèle sans défaut. Cependant, les systèmes à surveiller présentent souvent des dynamiques non linéaires et difficiles à caractériser de manière exacte. L'approche retenue dans cette thèse consiste à englober leur influence par des incertitudes bornées. La propagation de ces incertitudes permet l'évaluation de seuils de décision visant à assurer le meilleur compromis possible entre sensibilité aux défauts et robustesse aux perturbations tout en préservant une complexité algorithmique raisonnable. Pour cela, une part importante du travail porte sur l'extension des classes de modèles dynamiques à incertitudes bornées pour lesquels des observateurs intervalles peuvent être obtenus avec les preuves d'inclusion et de stabilité associées. En s'appuyant sur des changements de coordonnées variant dans le temps, des dynamiques LTI, LPV et LTV sont considérées graduellement pour déboucher sur des classes de dynamiques Non Linéaires à Incertitudes Bornées continues (NL-IB). Une transformation des modèles NL-IB en modèles LPV-IB a été utilisée. Une première étude sur les non-linéarités d'une dynamique de vol longitudinal est présentée. Un axe de travail complémentaire porte sur une caractérisation explicite de la variabilité (comportement aléatoire) du bruit de mesure dans un contexte à erreurs bornées. En combinant cette approche à base de données avec celle à base de modèle utilisant un prédicteur intervalle, une méthode prometteuse permettant la détection de défauts relatifs à la position d'une surface de contrôle d'un avion est proposée. Une étude porte notamment sur la détection du blocage et de l'embarquement d'une gouverne de profondeur.

Mots clés : Détection de défauts, observateurs intervalles, modèles dynamiques à incertitudes bornées (dyn. LTI, LTV, LPV, non linéaires), robustesse, bruit de mesure, surface de contrôle d'un avion.

Title : Fault detection of nonlinear systems with bounded uncertainties : From theory to application

Abstract : The monitoring of industrial and/or embedded systems is a major concern according to their increasing complexity and requirements to respect the mission profiles. Detection of anomalies plays a key role in this context. Fundamentally, model-based detection procedures consist in comparing the true operation of the system with a reference established using a fault-free model. However, the monitored systems often feature nonlinear dynamics which are difficult to be exactly characterized. The approach considered in this thesis is to enclose their influence through bounded uncertainties. The propagation of these uncertainties allows the evaluation of thresholds aiming at ensuring a good trade-off between sensitivity to faults and robustness with respect to disturbances while maintaining a reasonable computational complexity. To that purpose, an important part of the work adresses the extension of classes of dynamic models with bounded uncertainties so that interval observers can be obtained with the related inclusion and stability proofs. Based on a time-varying change of coordinates, LTI, LPV and LTV dynamics are gradually considered to finally deal with some classes classes of nonlinear continuous dynamics with bounded uncertainties. A transformation of such nonlinear models into LPV models with bounded uncertainties has been used. A first study on nonlinearities involved in longitudinal flight dynamics is presented. A complementary work deals with an explicit characterization of measurement noise variability (random behavior of noise within measurement) in a bounded error context. Combining this data-driven approach with a model-driven one using an interval predictor, a promising method for the detection of faults related to the position of aircraft control surfaces is proposed. In this context, special attention has been paid to the detection of runaway and jamming of an elevator.

Keywords : fault detection, interval observers, dynamic models with bounded uncertainties (LTI, LTV, LPV and nonlinear dynamics), robustness, measurement noise, aircraft control surfaces.

MIX
Papier aus verantwortungsvollen Quellen
Paper from responsible sources
FSC® C105338

Printed by Books on Demand GmbH, Norderstedt / Germany